服装设计与教学系列　齐　静　编著　辽宁美术出版社

演艺服装设计

图书在版编目（ＣＩＰ）数据

演艺服装设计 ／ 齐静编著．－－ 沈阳：辽宁美术出
版社，2014.5

（服装设计与教学系列）

ISBN 978-7-5314-6148-7

Ⅰ．①演… Ⅱ．①齐… Ⅲ．①剧装-服装设计-高等
学校-教材 Ⅳ．①TS941.735

中国版本图书馆CIP数据核字（2014）第089987号

出 版 者：辽宁美术出版社
地　　　址：沈阳市和平区民族北街29号　邮编：110001
发 行 者：辽宁美术出版社
印 刷 者：沈阳华厦印刷有限公司
开　　　本：889mm×1194mm　1/16
印　　　张：9.5
字　　　数：240千字
出版时间：2014年5月第1版
印刷时间：2015年3月第2次印刷
责任编辑：童迎强　苍晓东
封面设计：范文南　洪小冬　苍晓东
版式设计：童迎强　彭伟哲　苍晓东　刘志刚　光　辉
技术编辑：鲁　浪
责任校对：李　昂
ISBN 978-7-5314-6148-7
定　　　价：65.00元

邮购部电话：024-83833008
E-mail：lnmscbs@163.com
http://www.lnmscbs.com
图书如有印装质量问题请与出版部联系调换
出版部电话：024-23835227

序 >>

有一种事情，它是你兴趣中的挚爱也是你赖以生存的工作。

有一种工作，它是你的职业也是伴你终生的乐趣。

有一种职业：悠悠美景绝不轻易让你描绘，遍地鲜花但不随便为你开放，涓涓泉水并不有意向你流淌，满天霞光却难披在你的身上。

为了亲近那份深邃、斑斓、清纯、浩渺，你竭尽全力去跋涉、攀登、苦寻、求索；于是，你知道，那是一幅看不够的画，开不败的花，流不尽的水，飘不走的霞；后来，你才明白，那是一条永远走不到尽头的天路，留下你一串串艰辛的脚印；那是一座永远攀不到顶峰的奇山，寄托你一段段难忘的情思；那是一块永远达不到的彼岸，回荡着一声声不甘的感叹；那是一片永远任你驰骋的蓝天，飘舞着一朵朵创意的云团。

当你用最壮丽的图画描绘美景，最香艳的花环装点今天，最清澈的甘泉滋润万物，最灿烂的彩霞照耀空间，自己却也享受着一份别样的轻松与宁静，收获了成熟和自信，同时，还有一丝没有达到终极而残存的惋惜、惆怅和遗憾；也许，恰恰是那种缺憾而焕发出你走向新征程的心理意志和激情，并设定了更高的起点；接着，便是重整旗鼓甩掉不该背负的荣辱奔向那奇妙的诱惑和不确定的明天。

也许这有点像服装设计师，也许这就是服装设计师。

你期待成为一名职业的演艺服装设计师吗？

目录 contents

第一章 演艺服装设计师概说

一、本章重点

本章陈述了演艺服装设计师职业的基本特点、职责和设计师所应具备的特质、品格，简述了服装设计专业在表演艺术中的职能与作用和地位。

一、学习目标

有志于从事演艺服装设计和立志于在此专业中成就一番事业的人士，首先要对这一职业特点、特性、专业内容、专业要求等有全方位的了解，真对设计师所应具备的专业特质、人格品质、职业素质等有基本的评估。真正了解专业、了解自身，对事业投以挚爱，无悔的努力与天赐的灵性必将编织出美妙的人生。

一、建议学时

2课时。

第一章　演艺服装设计师概说

第一节 ///// 演艺服装设计师

在舞台、影视艺术中为全部参加表演、展示和出现的人物提供服饰造型设计方案的职业，叫做演艺服装设计。它以符合艺术形象特有的造型法则为前提，以直观性、假定性及影、视、剧特有的形象语言为造型手段，创造生动的、鲜活的有艺术美感的服装形象。

演艺服装设计统属于舞台、影视美术设计的范畴。舞台、影视美术是舞台艺术和影视艺术这类综合艺术体系之重要组成部分，它同导演艺术、表演艺术合作形成一个"二度创作"团队，这个团队根据剧本内容和导演创意，在同一追求的艺术构架中，运用各自不同的造型艺术手段创造适合剧情需要的典型环境、气氛、情绪，塑造角色的典型形象与性格，共同完成舞台、片场这些物质空间向艺术空间升华的特殊使命。

舞台、影视美术由场景、灯光、音响、服装、化妆、道具、特效等多种艺术和技术专业组成，这些专业的设计师统称为舞台美术设计师或影视美术设计师，再具体便有了舞台设计、灯光设计、化妆设计、音响设计、道具设计、服装设计。各部门的设计师按照各自的职业特点和专业要求进行艺术创作和艺术实现，这些工作既有很高的艺术性又有很强的技术性。

演出服装设计归属于人物造型设计，这一专业特点既有普通服装设计的共性，又有自己的特殊属性。

人物造型是戏剧、影视等表演艺术用以塑造刻画角色外部形象的艺术手段，它包括化妆与服装两项专业。化妆的任务是着重面部的刻画与发型的设计，服装的工作则是侧重身体外形的塑造。服装设计就是为剧中角色和舞台形象的展示者设计出合适的衣装，以及与之相关的鞋、帽、袜、围巾、手套、拎包、佩饰等外在的可视实物，用以体现人物在剧情里所处的时代、地域、地位、身份和人物的性别、年龄、职业、性格、趣味等，从而达到展示和塑造人物的典型性格的任务。

第二节 ///// 服装设计师的特质

首先，先天的禀赋和后天的努力同样重要。人们经常会形容某些人有磁性的声音，完美的体形，敏锐的思维，超能的模仿……这些与生俱来禀受于天的特点被称之为"天赋"。服装设计师有哪些天赋呢？

一、活跃的形象思维能力

人类的思维方式大体分为两种：逻辑思维与形象思维。逻辑思维侧重于理性、理智和推理的思维形态，而艺术则侧重于感性、情感和灵感的形象思维，尽管它也要有逻辑性。形象思维指人们在进行艺术创作和欣赏，或以艺术的态度观察存在时的心理活动方式，包括想象、灵感和直觉。服装设计是造型艺术设计之一，服装设计师要有活跃的形象思维能力，创造艺术形象的能力和丰富的想象力。创造能力是指主体孕育艺术形象的创造活动和心理过程。个别而典型的具体意向是构成艺术想象的基本元素，意向的破碎和重新组合是想象的主要方式，它带有创作者明显的倾向性、情绪性、取舍性。新形象是鲜活的、清晰的、特有的且独立的，它服从于创作的动机并受到思想的指导和艺术媒介的制约，从而创造出现实生活中尚不存在的新形象。

自然状态、社会活动以及生活中的许多事物，都会吸引艺术家凭其特有的感觉去领会事态初始的美感与精神，都能激发、激活他们的形象思维活动，激起他们对形象的联想、猜想、幻想，为后来的艺术创作孕育了一粒得天独厚的种子。

二、对色彩敏感细腻的感知度

服装设计师首先是一个色彩大师，因为他们的职业特点之一就是要花许多时间与色彩为伴、为伍，他们要熟悉、了解、亲近、珍视、热爱、驾驭色彩。很难想象服装设计师是一个对色彩没有感觉或感觉迟钝的人。

对色彩的敏锐感受经常是与生俱来的。

一株春柳在河边随风飘摇。女孩说："快看河边那位在风中舞蹈的姐姐！她染着黄色的头发，披绿色的上衣，还穿着深绿的长裤，她手里舞着透明的轻纱……好美啊！"

所以，我们说，女孩具有极好的色彩感知天赋。

三、对形象独到的观察理解

服装设计师要用特别的角度、特殊的视线观察事态。

还说前面那位女孩，"快看河边那位在风中舞蹈的姐姐！"这句话里有环境、场景、人物、行为，有诗歌、音乐和舞蹈，一句话，赋予了一种普通植物以生命、性别、动态、情态。

在人们认为普通的事物中以独特的角度发现了特殊，这种思维方式是人们从事创作工作所最需要的。

四、对创作极大的热情

艺术创作是具有明显个性特点和自我意识的复杂精神劳动甚至是体力劳动，需要极大地发挥创作主体的创造力。它包括敏锐的感受力、深邃的洞察力、丰富的想象力、充分的概括力以及相应的艺术表现能力。设计师要有扎实的平面造型能力和立体造型能力，即绘画和雕塑的能力，这将有利于对形象的认识、理解和表现。常规的创作过程通常包括如下几个阶段：对生活的观察体验；创作动机的形成；内心意向和未来作品框架的构思；物质形态艺术作品的表达完成。非常规的创作多源于冲动，它是人们创造艺术作品的心理需要或动机，多为现实中的某些特殊体验所诱发，通常表现为推动艺术家进行创作的强烈欲望。冲动产生于创组活动的开始阶段，明显特征是创作者处于强烈而焦灼的情感状态，内心充斥着急切希望把某些感受和体验用一定的形式进行表达的不安、紧张和努力，创作冲动要在作品最后完成才能释放。

服装创作是一件常作常新的活动，就作品而言，每一件新作都是对前面成功的否定。概括地讲，创作的本质就是破坏打碎旧的整体，建构组合新的整体，做前人没有做过的事情，做自己没有做过的事情。如果用"学习—创作—否定"这三个词组为点作三条连线，画个三角形来比喻这项工作的基本规律，那么，这件看似简单的事情却极具挑战性，充满刺激与诱惑。有时，在创作上的成功好像一个飘逸的岸，创作过程就好像朝着岸泳进的过程，你似乎是到达了，但岸却又漂走了。只要去寻找，你总能看到它，可是永远也上不了岸，或许正因如此，它才具有无尽的吸引力，或许正是这种吸引力，艺术家才会投入一生去追求。乐于此道的人不能不归并于"天赋"。

五、脑与手的高度协调

服装设计师是一项既要动脑去设计又要知道怎样去制作，甚至在某个重要阶段需要亲自参与操作才能完成好的工作；服装制作是一项把艺术、技术、工艺、手工艺紧密联系在一起的工作，人们通常所说的"心灵手巧"是对服装设计师恰当的评价，这种天分同样是设计师身上不能缺少的。

第三节 ///// 服装设计师应具有的人格

《辞海》对于"人格"有如下解释：人格是个人尊严、价值观念、道德品质的总和，是人在社会中的地位和作用的统一，其本质是一种社会特质。心理学则称为"个性"，认为它是指个人稳定的心理品质，包括两个方面：人格倾向性和人格心理特征。前者包括人的需要、动机、兴趣和信念等，决定他们对现实的态度、趋向和选择，后者指人的能力、气质、性格，决定着其行为方式的个性特征，这两方面的结合，使人格成为整体结构，由于人类遗传基因和社会经历及社会实践各不相同，是各个人在人格的倾向性和心理特征等方面各不相同，便形成了不同的人格，这种差异不仅表现在人们是否具有某种特点上，还表现在同一特点的不同水平上。鉴于这些因素，设计师们会有不同的品格。

一个有着高尚品格的人不一定去做艺术家，但真正的艺术家一定要有崇高的品格和良好的职业道德。

通俗地讲，在一件艺术作品中，人们诚望看到新的视觉形象，希望呈现在我们面前的是全新的感受，渴望领受非凡的思维方式和思想，盼望心灵得以净化，期望情操得到升华，这些都需要艺术家有一颗伟大的心灵。设计师要热爱自己的职业，热爱生活，自尊、自强、勤勉、独立；他的作品要充满自信、张扬自我，而为人处世却要严谨谦和；这是一份在名利场边穿行的职业，鲜花和掌声多不是送给你的，你能否长期地坚持那份热情、那份满足、那份平和、那种进取，你的作品将有你做人的品格或多或少的折射。

第四节 ///// 服装设计师的职责

一、倾情奉献

凡是具有愉悦、震撼、陶冶、启迪功能和效应的作品，这些功能效应首先能够作用于创作者自己，所以常听到这样一句话：一件作品若想打动他人，首先要打动自己。

"倾情"是要对每一件大、小作品都要极尽自己的情感、才思、智慧、热情和能力，以造型艺术特有的方式、方法、手段、规律去寻找能给人耳目一新的人物形象。这是一件越做越艰难的事业，需要极大的付出，每一件新的作品都是对个人的挑战，都是一份新的考卷，因为在这里你不能取巧，不能重复，不能模仿别人，更不能抄袭别人，同时也包括不能模仿和抄袭自己。

"奉献"除了是指奉献自己的真情、奉献好的作品这一层含义之外，还有对受众的尊重和怀抱一颗善美之心，恪守职业道德，严谨创作作风，珍惜每一次实践的机会，珍惜舞台或屏幕给予自己的创作空间。

二、完善知识结构

艺用服装设计是一种涉及了多种学科、多种知识范畴的专业。就其自身而言，应该有一整套科学严谨的理论体系。与它密不可分的学科主要有：戏剧、影视、美术、音乐、文学、哲学、历史、美学、色彩学、服装材料学、服装工艺学、人体工程学、气象学、心理学、社会学、经济学、考古学、民族学、民俗学等。它所涉及的边缘学科范围之广、内容之多、种类之杂既是服装学的特点之一，也是艺用服装设计知识结构特征之一。

每一件舞台影视作品的内容、形式、结构、风格以及表现手段对于设计师来讲都是没有先知的，每一件作品特定的时代、时间、地域、故事、人物、内容等也是不能预定的，所以每一次创作都会或多或少地遇到设计师想到或没想到、用过或没用过、听过或没听过、一知半解或全然不解的知识、科学、文化和理念。用科学的学习方法研究掌握需要的知识，使自己的知识结构不断完善与更新，以利于扩展知识层面、艺术构思的特别角度、造型手段的合理分配、设计语言的独到使用、总体风格的精准把握，以适应时代及专业的需要，这将是设计师一生都不能懈怠的，这些学科的知识必将能在严谨的创作中发挥重要作用，也会为设计师的人生增加无数的体验和乐趣。

三、乐于创新

演艺服装的创作不同于编剧、文学、绘画、雕塑、音乐、舞蹈等创作，也不同于时装、生活装的设计，这是由于演艺服装与其艺术形式的功能、特性和审美方式不同而决定的。在写实风格的戏剧和影视中，作品追求的视觉形象主要是还原真实，接近生活，即时间、地点、事件、人物的可信性、合理性。设计师虽然不能不顾及这些而坚持"创新"的形式，但无论是在现实主义风格还是浪漫艺术风格的创造过程里，"创新"的理念应该贯彻于始终。

服装设计师职业的使命是创造人物的外部形象，以帮助演员准确生动地刻画人物的典型性格，它是创造人物形象外部特征的重要手段。

人物造型工作通常是经过两个阶段完成的，即平面设计和立体造型。把创意构想描绘在图纸上，这是创作阶段，按设计图的要求制作成衣这是立体造型阶段。它是一项艺术性和技术性并重的工作，是试验性、操作性、实践性很强的工作，是一种在禁锢与局限（已有的规律和定式）之中寻求自由、解放、革新、创造的工作。它的创作方式、方法、手段、样式和终极目的虽然不同于绘画、雕塑、工艺美术等，但在每一步骤里包括设计、制作，包括用脑与动手，等等，都存在让你感兴趣的理由，都有名副其实的可称之为"创作"的内容。

乐于创新、享受创造、痴迷于创作、沉醉于创作、全身心投入……这些都是对从事创造设计人员的形容与描述。大多数的专业工作者已经自觉或不自觉地把这项活动当做自己日常的乐趣，人生旅途中最好的朋友或伴侣，是那种可以向她表述、倾诉、宣泄的知己，而她会倾听、能理解、能化解，能和你一起分享喜怒哀乐，分辨真善美假恶丑，并同你荣辱与共。对于许多设计师来讲，"创作"已作为乐趣、习惯、志向和需要，与日常生活、与自己的生命有机地融为一体了。

第五节 ///// 服装设计的作用和地位

我们知道，演出艺术除了直观的感受外，较高的追求是一种审美的意境。这是因演员与观众在演出和观赏过后，由戏剧内容、形式、风格所引发的联想、浮想、幻想等思想情感表现。这种情感有时并非在看戏时就能凭直观得到，而是舞台印象存留在头脑中经过洗礼、滤选，并与自我意识碰撞后的演变、伸展或重现。意境的出现，与艺术家们所塑造的直观外在形象（环境、人物）有必然的关联，它起到将观赏者直接引入到所要传达思想的时空。但演员的表演，导演的手法，不同观众的欣赏角度、趣味、层次等诸种因素都关系到能否出现创作者们所期待达到的意境。创造意境的成败，需要作者与观众共同完成。艺术家要有充分的想象力，观众也同样如此，这在展示和欣赏的过程中既表现为同步也表现为非同步。就同步而言，作品所要表达的理念、思想、情绪、情感在第一时间就与观众有碰撞、有声响，随即产生反馈、反响或共鸣，这将是艺术家的最佳享受。直接与观众的交流，让脉搏与观众共振，让血液与观众同流，让情感与观众交融，从而激发出更大的舞台激情，这种同步过程也正是舞台表演艺术的魅力所在。还有一类戏剧作品，由于其哲理、风格、思想等所要传达的内容较为深邃、婉转、含蓄，在观赏的同时来不及深思，这便与观众产生了现场的不同步。但随后的回味、咀嚼、品赏、反思却令人思考无限、回味无穷，甚至指点过你的人生，甚至影响过社会……对于艺术家而言，这种始料未及的功能堪称是"奢望"并被誉为至高的境界，这就是舞台和影视艺术。

服装设计是舞台艺术、影视艺术这类综合艺术的组成部分之一，是二度创作。服装设计师是这项艺术工程的主创人员之一。服装设计与化妆设计被称为人物造型设计。

人物造型在舞台艺术和影视艺术中属于美术范畴，它包括对人物的服装、鞋帽、饰物、配件、面部妆容、发型的设计与呈现。它的承载者和展示者就是演员。按照一般规律讲，服装设计在舞台、影视艺术中的作用是：在作品的总体风格框架中，在导演总体构思的指导下，最大可能地帮助演员完成剧中人物的外部形象塑造，使演员接近、符合角色，使人物造型设计符合作品的整体风格，圆满地完成舞台、影视艺术的使命。

随着人类社会的演进，艺术事业的发展，科学技术的普及，大众文化水平与审美标准的提高，娱乐形式和选择方式的多样化，尤其是高科技手段和工具在舞台、影视艺术中的应用，使得舞台艺术和影视艺术的表现形式异彩纷呈，人们在对各种不同意象实行适合表现方法的探索和试验的同时，也使舞台、影视美术的作用和位置随着不同作品所追求的不同表现形式和不同的艺术风格而有所侧重和变化。有些作品甚至由从属地位一跃而为主导地位。

美国百老汇演出的音乐剧《狮子王》曾获得极大成功，剧中舞台美术、灯光、道具、服装和化妆都有许多大投入、大制作和独到创新。恢弘的场景、美妙的灯光、幻化的服装造型、全剧超过232个木偶道具，制作工时超过37000小时，舞台上出现的鱼、鸟、昆虫达25种，这些造型元素使舞台变得美轮美奂，以至于有的评论家认为这部作品的成功在于形式大于内容。《狮子王》的成功，很大程度是得益于由舞台特别的形式、样式、手段对视觉的冲击力，包括音乐、舞蹈、舞美设计、服装设计等，但更重要的是题材、内容、形式、手段的完美结合，是这种完美组合所产生的艺术力量和魅力感动了创作者也感动了观众。

上海歌舞团的舞剧《金舞银饰》在国内外演出都产生过强烈反响。作为优秀的舞剧艺术剧目，与一般舞剧不同之处在于它强调舞蹈与服饰展示的结合，一方面以舞蹈表现服饰，另一方面以服饰展现舞蹈。它融于中国五千年舞蹈与服饰文化的精华，通过相关历史场景的再现，用一种特殊的视角演绎了具有典型性和代表性的中国不同时代和不同民族的服装和饰品，用舞蹈艺术语言展现了中华民族几千年历史进程中绚丽多彩的服饰文化与艺术。也有人称它是集舞蹈、音乐、服饰展示、戏剧元素、民俗风情于一体的舞蹈晚会。无论它的演出形式被称为"舞剧"还是被叫做"舞蹈晚会"，服装、服饰设计在这部作品中的作用和地位是显要的，然而，这也只是个例，完全是由作品所要追求的主题和内容来定位的。

[复习参考题]

◎ 演艺服装设计师应具备哪些典型特质？

◎ 演艺服装设计师担负什么职能？

◎ 人物造型设计在综合艺术中的作用与位置。

第一章 服装设计审美

本章重点 》

本章以演艺服饰审美标准、设计形式美法则、设计审美元素为重点学习与研究课题。对源于西方造型艺术的基本原理——形式美法则，用东方人的思维方式的特别尝试，进行了抛砖引玉式的创作手法，结合实例对服饰审美的民族性与时代感这一永无标准定论的话题进行了独特的诠释。

学习目标 》

了解和掌握美学理论及创作审美的基础概念，对演艺服装设计的审美法则、设计要素有基本了解与创造性的应用；建立起用独特的视角对演艺服装进行设计与审美的思维方式；在设计理念与设计实践中既有扎实的理论指导又有独到的设计创意。

建议学时 》

12课时。

第二章　服装设计审美

第一节 ///// 服装美学

美学是研究人对自然现象、社会现象和艺术现象之间的审美关系的学科。

要了解演艺服饰的审美就要涉及服装的审美问题。服装美学是研究人对服装的审美关系的学科，即研究人类在服装方面审美意识的反映形式、特征及历史发展规律，探索服装美学价值的构成、服装审美的客观标准以及社会功利目的；研究服装设计与制作活动美学要求和规律。这门学科承载的主要任务有两项即：1.不断总结服装设计经验与规律，发现、研究、探讨、更新、完善服装审美的理论与规律，提高服装设计与制作的美学价值，以适应其在艺术创作、技术应用中的需要；2.按照服装审美活动的实践和经验，探索服装设计的基本理论和内在规律，根据社会要求普及服装美学和美育知识，提高大众的服装审美能力和审美趣味，让人们以高尚、美好的仪态面对生活和社会。

第二节 ///// 服装美感

服装的美感要具备两个基本条件：自身具有审美价值，有对其审美价值做出裁定的人。

服装产生美感的过程从一个特殊的角度也揭示了人类进步和发展的过程。我们知道，人类服装最初只有实用功能，它是为了适应生存状况而防暑御寒、保护遮掩身体的，这时人与服装的关系只是使用和被使用的关系。随着人类社会的进步渐渐产生了审美意识，而且逐步从实用的意识中分化独立出来，从而逐步发展成为广泛深远复杂的审美意识，其中也包括对服装的审美意识。

美感，也叫做审美感受。它是客观存在的美好事物经人的听觉、视觉，在大脑中所产生的心理反应和主观感受，这种体验能产生精神愉悦和心灵快感，它是构成审美意识的基础。美感是在审美实践中产生和发展的，其基本心理因素包括直觉、感觉、表象、想象、联想、情感、思维、意志等。美感能得到满足要求观赏者具备相应的鉴赏力。鉴赏者由于时代、地域、民族、宗教、观念、习俗、性格、素养、爱好等诸多不同，对于同一事物具有的美感各有差异。美感还是人在社会实践中的一种认识过程，是由感性到理性，从低级阶段到高级阶段的过程。当认识上升到高级阶段时人们才能深刻地认识美，并引起强烈的感情。

服装的审美感受，所指的也是这种高级特别的精神体验。服装美感，由于它是通过有生命的人作为载体而展示和体现的，是由设计者、制造者和穿着者共同创造和呈现的，所以它与其他艺术美相比有着自己独特的欣赏角度和魅力。

第三节 ///// 艺术与美的关系

关于艺术与美的关系一直是学界讨论不止、争论不休且无定论的话题，论点繁多。不少人认为凡是美的就是艺术的，或者说凡是艺术的就应该是美的，反之，不美的就不是艺术，丑也就自然是对美的否定了。也有观点认为不能将"艺术"与"美"混为一谈，这样做的结果会妨碍正常的审美活动。

俄国作家托尔斯泰曾说过："艺术是一项人类活动，其过程往往是这样：艺术家有意识地利用某些外显记号，把个人曾经体验过的感受传达给他人，以此来感染他人，并使他们产生同样的体验。"英国著名美学家赫伯特·里德把艺术称作是：有赖于先前发生的感性直觉与形式组合而产生的特定表现。意大利美学家克罗齐则认为：艺术是知觉的创造。而关于美的定义则更是众说纷纭，古希腊早期思想家毕达哥拉斯曾提出：美在于事物各部分的秩序和比例；18世纪法国唯物主义哲学家狄德罗提出了"美在于事物的关系"的论断；此外还有许多说法如："美和善是一致的"，"美是生活"，"美是规律"，等等。赫伯特·里德在《艺术的真谛》一书中对美和艺术的界定是：美是一种特殊人生哲学的产物，它具有人的特点，使所有人的价值得到升华；而艺术则是对自然的理想化，特别是对人的理想化；艺术的职能是为了"表达情感和传达认识"。我们不去研究哪一种论点最为贴切，只想揭示艺术和美是两个概念但又存有关系。

一些躺在路边，趴在墙角，躲在沙里，被人不屑一顾的小石头、碎石头，在经过构思、设计、结构、组合、描绘等多种不同艺术手段处理之后，变成了"艺术品"（图1）。浅显地讲，石头被发现和成为艺术品的这个过程可以叫做创作过程即艺术活动，创作过程包括发现美、利用美、创作艺术，艺术品中蕴涵着美的元素、美的规律和美的特性。

的确，"美"让人产生清新、爽朗、愉悦、振奋、神往、联想等思想情绪和心理感受，甚至可以使人的全部价值得以升华；"美"可以让人的性格、品质、外貌达到自然发展的高峰——理想化，并且具有无可预料的永久魅力。古希腊是美的发源地之一，它的雕塑艺术是全人类的宝贵财富。《掷铁饼者》《米洛斯的阿芙罗蒂德》《萨莫德拉克的胜利女神》等著名雕塑，形体完美，比例适度，神态高雅而敬慕，深

情引人思索和联想，带给人们视觉和精神上的享受，称得上是西方古典艺术之杰作。无独有偶，在亚洲大陆上，亦如古希腊艺术在欧洲所享有的盛誉那样，中国艺术在整个亚洲具有最高的声望：精美的青铜器物、壮观的兵马俑阵、宏伟的石窟群雕、多彩的民间艺术、独特的绘画艺术……它们所具有的玄妙、温雅、稚拙、深奥、庄严、瑰丽之美同样流芳百世。由此可见，艺术创造了美，而美的观念又具有一定的历史意义。

然而，创造美并不是艺术的唯一目的。"艺术美"并不排除"丑"的形象。文艺复兴时期杰出绘画大师之一达·芬奇的代表作《蒙娜丽莎》，与公元

图1

七百多年前亚述帝国的雕像《人面兽身的公牛》同样都是艺术品而进入法国罗浮宫的殿堂，前者所蕴藏的古典绘画之美和作品的美学价值为世人公认，而后者按通常的审美取向则称不上是美的；同样被世人称为"维纳斯"的两尊雕像，在希腊米洛斯岛山洞里发现的希腊时期的阿芙罗蒂德即"断臂维纳斯"（图2）和在奥地利摩拉维亚的维林多夫山洞出土的旧石器时代的"维林多夫的维纳斯"（图3）在造型上风格迥异，前者貌美婀娜、体态万方，庄重典雅，被世人视为女性魅力和永恒青春的典范；而后者在造型材料、体积大小、人体结构等许多方面与前者大相径庭。但是，作为美的一种存在形式，后者仍然具有同样的审美价值，尽管有人认为那尊旧石器时代的遗物并不美，甚至是丑的。

图2   图3

在美学中，丑是同美相对应、相比照而存在的，二者均不可或缺，我们在研究艺术问题时不可忽视或丢弃了丑。法国近代作家雨果用浪漫主义美学观念把丑列为文学作品描绘的对象之一。他在剧作《克伦威尔》的序言中说："万物中一切并非都是合乎人情的美"；"丑就在美的身边，畸形靠近优美"；"在艺术中如何运用滑稽丑怪这个问题足以写出一本新颖的书来"。俄国文艺批评家、作家车尔尼雪夫斯基甚至认为了解丑之所以为丑是一件惬意的事。在我们的现实生活中既存在着赏心悦目的美的事物、美的人，同时也存在着令人厌恶的丑的事物和丑的人，这两种现象往往是呈对比的状态而存在的。在艺术作品中，丑相对于美，是最好的反衬与烘托，所以双方都为艺术创造所不可缺少。

第四节 ///// 美的形式法则

一件事物所以能产生美感是由于其自身的结构、组织、排序与外部形态都符合一定的规律。不同的艺术种类有不同的形式美法则。绘画中的线、色、调、形，音乐中的节奏、旋律、调式，文学中的语言、结构、体裁等，都是构成形式美的重要元素。当形式美既与作品的内容达到完美的统一和结合，又有独具特色的个性及审美价值时，它一定是自觉或不自觉地适应了形式美的法则。

德国哲学家、心理学家、美学家与物理学家费希纳用实验的方法研究审美心理和美感经验，在美学上是实验美学的创始人。他的形式美法则至今一直被视为造型艺术的基本原理而被广泛延用和发展。常用的主要有如下几种：

1. 反复、交替

同一个要素出现两次以上的重复排列而产生的强调手段叫做"反复"；当把两种以上的要素轮流反复时，叫做"交替"。反复和交替是服装设计师常用的手段之一，无论是在结构、色彩还是在材料上运用，其生成的有序与谐调都是美妙的。反复与交替带给作品层次感与体积感（图4-1）。

2.节奏

作为音乐术语，节奏指各种音响有一定规律的长短强弱的交替和组合，它是音乐的重要表现手段。在造型上，是通过要素的反复和排列表现的，根据其大小和强弱的变化，通过想要表达的规律性和秩序性进行统一，从而生成鲜活的跳跃的节奏，以达到愉悦的视觉享受。在服装上，节奏如同音乐，不是平铺直叙，也不是烦琐的堆加，它有快有慢、有松有紧、有强有弱，这样才能准确地表达设计师的创意。服装的色彩、面料的重叠、装饰物的反复等手段，都能产生服饰的节奏感与音乐般的律动（图4-2）。

3.渐变

是指要素的基本形状、方向、位置按照一定的顺序和规律呈阶段性的递增或递减的变化。当变化保持统一性和秩序性时便显现出美的效果来。在服装设计中渐变的效果主要由色彩、图案和装饰来完成（图4-3）。

4.变异

是指在有规律性的重复、近似、渐变的基本形中出现不规则的变化，使视像变得活跃。变异分为局部变异和整体变异。局部变异变化不宜过大，应与主体部分协调呼应；整体变异则是完全打破常规常态，用全新的形象诠释个人的追求。在戏剧和影视中的神话、童话人物的服装和表演类时装设计中，为了强化形象的独特性、迷幻性、时尚性和观赏性，对整体变异的理念使用较多，但仍然要遵循形式美的基本法则。变异除了对形态而言之外，还包括形状变异、色彩变异、材质变异等等（图5-1）。

5.对称

在不同的学科中有不同的定义，就造型艺术而言，对称是指整体的各个组成部分之间的对等、相称和对应的关系。在服装中，对称的形态都用于严肃、庄重的场合，它的另一种倾向是呆板和拘谨。为了创造轻松活跃的气氛，便出现了与之相对的非对称性的形态来表现动感和变化（图5-2）。

6.平衡

平衡是来自于力学的概念，指重量关系。在服装设计中是指主观感觉上的大小、多少、轻重、明暗、质量等的均衡状态。两个以上的要素，相互取得均衡的状态叫做平衡。平衡还分为对称平衡和非对称平衡，

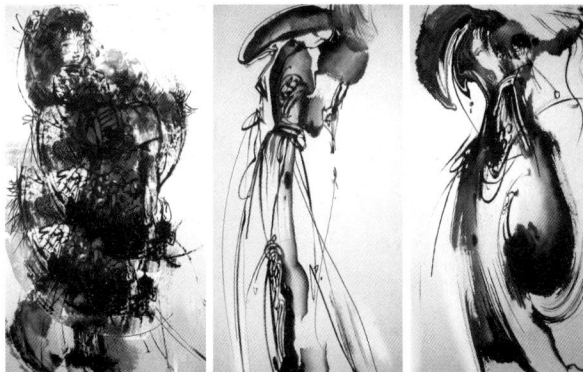

图4-1　　　　图4-2　　　　图4-3

图5-1　　　　图5-2　　　　图5-3

前者是平静的、稳定的，后者则相反。与服装有关的有上下平衡、左右平衡、前后平衡，与此同时也就出现了与之对应的打破平稳的非平衡状态（图5-3）。

7.比例

整体与部分，部分与部分之间的面积或长度的数量关系，也是大与小、长与短、轻与重的差所产生的平衡关系叫做比例。完美的比例会产生美感，并且有广泛的应用，与服装有直接关系的则是人体比例，了解人体比例对服装设计尤为重要。基准比例法、黄金分割比例法、百分比法这三种方法都是研究人体比例所用的，其中以基准比例法较为常用。它是以身体的某一部分为基准，求出与身长的比例关系。常用的是以头高为基准，求其与身体的比例指数，也叫头高身长指数。人们普遍认为最美的头身指数为"8"，即"八头身"。这种方法在公元前4世纪由雕塑家列希普斯创立后一直延续使用至今天。但是因为人类种族的差异，也有许多达不到或超出这个比例指数的种族，所以也有7、7.3、7.5、9、9.5等比例指数。比例对于人物造型非常重要，掌握好这一形式法的使用，将会使人物的个体造型和群体造型都能产生特别的美感效果（图6-1）。

8.对比

对比是一种变化效果，属于很自由的构成形式。形象、形状、方向、空间、明暗、宾主、色彩、质感等在质或量相反时则形成对比。如疏密、大小、粗细、多少、远近、曲直、凸凹等。在运用对比的形式是，要把握好量的度的使用，不足和过小将达不到追求的效果；对比过于强烈，将会缺乏统一（图6-2）。

9.调和

调和是艺术作品追求的一种视觉效果和心理感受。调和是一种秩序感，多种要素之间在质或量上保持秩序和统一并给人以愉悦感，这种状态就是调和。服装造型的调和首先是形态性质的统一，形态的类似性是达到统一的重要条件，但是类似性重复过多就会有单调感，调和中同样要有变化，即在统一之中运用比例、平衡、节奏等方法取得形状、色彩、质感的微妙变化（图6-3）。

10.支配、从属、统一

在造型艺术的创作中，任何一件作品都是采用多种元素构成，多种形式处理，多种手段完成的。而一件优秀的作品对于造型元素来讲并不是平均分配的，它们有主导和从属之分，也有整体和局部之别。局部作为整体的组成部分而从属于整体。这种分配关系的结果是：主体的整体感很强，追求的目的明确，在局部的小变化发挥了应有的作用，使整体显得内容丰富，更具魅力，同时也产生了统一美。在服装设计中，能将多种多样的形式、多姿多彩的形态、千变万化的颜色、异彩纷呈的材料、不拘一格的手段组织好、排列好、调度好、把握好，是设计师永远要面对的课题。

图6-1　　　　图6-2　　　　图6-3

第五节 ///// 服装设计的审美元素

一件具有艺术品位且有欣赏价值的作品一定是符合构成艺术品的基本特性与规律，必有其自身构成的审美元素，仅就服装设计而言，其使命则是如何选择、把握、组合、运用这些元素。与服装设计密切相关的构成元素主要有形态、色彩、肌理、材质等。每一件作品由于设计师追求的主题、思想、趣味、品位、情调、情绪、视觉效果的不同，而对构成元素进行相应的取舍，从而使其更接近创意。认识和了解服装设计构成元素将对我们的服饰审美有较好的帮助。

一、形态

形态就是服装的整体造型。形态是服装设计的主要构成元素，也是设计师在创作构思阶段首先要选择定位的。

每件衣物都有自己的形态，经人穿着以后与人体共同组成了各种服装形态。服装形态由衣物的固有形态、穿衣人和穿着方式而构成。这三者之间相互作用、互为关联，即不同的人穿相同的服装、相同的服装不同的人穿、相同的人穿不同的服装、相同的服装不同的穿法都将有不同的效果。服装形态可以从着装状态、覆盖状态、外形模式几种类型来区别和认识。

1.从着装状态看服装形态

缩小型、放大型

缩小型是指对服装正常比例、形状和体积的减缩，多与时代、地域、气候、行为方式有关。生活在热带地区、与水有密切接触的人群、运动员、舞蹈者的服装使用缩小型的较多。对于现代人来讲多为时尚追求的一种，如迷你裙、七分裤、露脐装等。放大型服装与缩小型恰好相反，它是对常规比例、形状、体积、体态的放大与夸张，可作用到服装的每个部位。以欧洲文艺复兴时期贵族妇女和中国古代帝王的装束为最有代表性，是身份、地位和权威的象征，也是不同时期的审美追求。此外，缩小与放大的效果还可以运用色彩、图形及结构方式制造的视觉错差效应而获得（图7-1）。

单衣型、重叠型

单衣型是由面料单层使用的手法而制作的服装，具有简单、轻便的特点，我们通常穿用的夏装多为单衣型；重叠型是由两层以上的材料在某些部位用叠加的手法表现的。当选用厚面料时它具有体积感、厚重感；如果用轻薄面料则会有垂坠感和层次感（图7-2）。

软质型、硬质型

软质型是指服装的材质具有质地柔软、温顺的亲和感。它是睡衣、内衣、舞蹈服装等所追求的效果，材料多为纱、丝、绸、针织棉等柔软细腻、悬垂飘逸的织物；硬质型则是指用挺括、厚重的面料制作的服装，如外衣、大衣、特别工种的工装、衣物的某些部位（领、袖、肩、鞋、腰带）等，具有硬朗、牢固、坚实容易造型的特点。两种材质巧妙合理地组合运用，则会产生面中有线、曲中有直、柔中有刚的丰富内涵（图7-3）。

图7-1　　　　　图7-2　　　　　图7-3

轻装型、重装型

轻装型服装指结构简洁、造型随意、使用方便的装束，常为体育运动服、休闲服、便装的首选；重装型则是结构相对复杂、造型严谨、工艺讲究、材质特别、功能性突出的服装类型，如礼仪服（会客服、朝服、婚礼服、晚礼服等）、防化服、野战服、航天服等。轻装与重装的另一概念可用于包括头饰、化妆、服装的完整造型。合理的结构布局、色彩分配以及图案的分配，有轻有重、有主有从的设计才能有明确的造型语言特点（图8-1）。

均衡型、失重型

均衡型服装指造型结构或色彩分配对称和等量的分配设计。在心理上这种形式给人以稳定感、匀称感，同时也有了中庸、呆板和沉闷感，各历史时期的服装多为这种形态；失重型即是打破均衡的设计，如左右大小不同、上下轻重不同、前后长短不同等等，亚洲国家的偏襟上衣多为这种左右不同的穿着。上轻下重或上重下轻，以及前长后短和前短后长是组合方式的变异，为服装流行不同阶段的时尚追求。这两个概念又常常被对比着同时使用，一个部位的均衡感被打破后出现的便是失重感，失重又因增加的某个图案、色彩、佩饰、附件而产生视觉上的均衡，服装艺术就是在不断的对比与调节中完成了设计者的追求（图8-2）。

2.从覆盖状态看服装形态

紧缚型、宽松型

是指服装对于身体包裹、束缚的状态。紧缚型的衣装可以是局部的，亦可以是整体的。整体紧缚型服装的穿用多出于对人体曲线的突出和张扬，如中国汉族的改良旗袍，傣族、佤族妇女衣装；欧洲女装则多在上身部位紧束，目的也是为了强化人体美；宽松型的服装意在突出一种松散阔敞的状态，以体的舒适和自由为特点，同时还给人以洒脱、超然的意味，是中国传统服装所追求的一种风格。将紧张与放松相结合的紧束与宽松交织的设计，仅以它的情态与情绪就已经包含不少内容了（图8-3）。

遮覆型、裸露型

用服装或饰物将身体遮掩以后的状态。因为遮覆面积的大小与遮覆的部位不同而产生不同的感受。这类服装有严谨、保守、神秘之倾向，以宗教类服饰、阿拉伯妇女为代表；裸露型是指身体局部的外露，多在肩、胸、腰，以及上、下肢部位处理。这类服装形态会有大胆、解放、性感、时尚、追求个性的意义。将裸露与遮覆手法同时强化，所出现的特殊审美感比语言描述更值得品味（图9-1）。

图8-1   图8-2   图8-3   图9-1   图9-2   图9-3

中开型、侧开型

此类服装是从中间分开成为两部分的对称式结构。可在分开之处进行功能性处理和造型处理，可以使服装内涵更为丰富，同时也可以增加实用功能，现代人日常的服装多为中开型；侧开型服装即是将开口放在侧面，衣、裙都有这样的形式，从前后观看都有简洁、整一感。中国的女式旗袍、男士长衫以及许多少数民族服装都属这种类型（图9-2）。

整体型、分离型

整体型包括结构的完整感和色彩的统一感。在视觉上人们对"型"的印象尤为直接和深刻，在心理上会有简洁、流畅、单纯、单调之感，是设计师为了强化外部形态而经常使用的方法；分离型则是与整体形象相对的另一种形态的追求，用分离、切割的方法进行重新的组合与编排，以产生形态的变化和色彩的节奏与韵律，又可增加服饰审美的内容与审美价值。有想法地同时运用整体和分离的手法，即打破过于单一的倾向，又在同一中进行着变化（图9-3）。

3.从外形模式看服装形态

应该讲，造型艺术是一种精神创作活动，很难有固定的模式。但服装设计却很特殊，因为设计的作品是需要人来穿着、展示、体现的，它离不开人体（即使是用模型来展览），所以一切活动都是围绕着"人体"进行的。人们在服装文化的长期发展和演变的历程中，进行了无数的探索与实践并从中总结出符合人体结构需要、便于穿着、利于行动、符合人类审美共性并具有不同时代美感的基本规律。

在20世纪30年代，法国著名时装设计大师克里斯蒂安·迪奥就发表了表现人体美的H、A、Y、X等字母形式的时装，以其独特的艺术风格和惊人的审美魅力而风靡世界。迪奥所创的H、A、Y、X等服装造型，有的便是从传统服装形式演变而来的。例如A形，就明显地带有法兰西摄政时代女装衣裙的痕

迹；X形则受到欧洲文艺复兴时期服装款式的影响。然而，他的创新也很突出，他通过肩部、三围（胸、腰、臀）、裤口或裙摆的长短、大小、宽窄的变化与组合，再搭配与之相协调与呼应的装饰物，创造了在世界服装史上有着重要意义的服饰形象。此后，尽管设计者们在主题、创意、手段、方法等多方面进行过多种尝试并有钟形、膨胀形、纺锤形、筒形、圆屋顶形、袋形、台形、郁金香形等，却总没有挣脱出这几种模式的概括，这也证实了这些模式是符合服饰审美的基本造型。

H形

从字母的外形轮廓可见，其造型特点是肩部、三围部、裤或裙的下脚线的宽度基本相同，因而产生造型简洁、自由、轻松的特点，并有无拘无束的洒脱风格，这种造型适合的人群较为宽泛（图10-1）。

A形

不难看出，A形是将H形的竖线变成了斜线，多用于上衣和裙服的设计。窄肩、平胸、夸大的衣、裙摆宽大，有利于表现修长和轻盈的体态，以年轻女性尤为适用（图10-2）。

X形

其特点是夸张服装肩部和衣裙的下脚线，腰部则收紧处理。如束腰连衣裙、猎装等都用这类设计。这

图10-1　　　　　图10-2　　　　　图10-3

是一种可以为设计提供无尽变化和创造空间的造型，极富夸张和浪漫情调，既可活泼开朗又能庄重大方，可以运用到生活服装、职业服装和礼服等多种服饰类别中（图10-3）。

T、V、Y形

它们的共同特点是夸张整体造型的上部，即肩部和胸部，按照人体体形的特点从上自下逐渐变窄。此种造型较适合男性的形体特点，也经常为女性青睐。世界各地从古至今都在延用这些模式，因为它能体现出粗犷豪迈、青春俊俏的特殊美感。此外，它们还经常被用做衣领形状的造型模式（图11）。

图11

二、色彩

色彩是服装审美中的又一个重要元素。在人类的视野里，万事万物都有色彩，一切生物也都有色彩，一切事物都可以附加色彩，一切情感都能用色彩描述。自服装起源，色彩就追随了它并且永远不离不弃。色彩学是一门结盟了自然科学和社会人文科学的综合性学科，涉猎的领域较广，这里仅就与服装设计审美有关的部分问题进行探讨。

1.色彩的表现能力

"色彩是有生命的"。人们之所以这样评价色彩，

不仅在于它本身的表现魅力，更重要的是它对人的生理、心理所给予的作用和影响。从服装的审美角度研究色彩，色彩作用于人所产生的心理反应和生理反应叫做色彩的表现能力，它对于服装审美价值的形成有着重要作用。色彩的表现能力主要由三个基因构成：

（1）色彩自身属性

我们知道，色彩是由太阳和其光源照射在物体上经反射和投射的色光而形成的，因此，色彩有其自身属性。色彩的色相、明度、彩度即为色彩的三属性。

把赋予红、橙、黄、绿、青、紫等色以特性的现象叫色相（图12）；有色相的叫彩色，黑、白、灰没有色相叫无彩色。在无彩色中白和黑是属于最亮到最暗的颜色，它们之间有各种灰色。这些色彩的明暗程度叫明度。任何一个彩色加白或加黑都将构成此色以明度为主的序列；将色相、明度一定的色，根据鲜艳程度加以区分叫彩度，也叫纯度或饱和度。了解和认识色彩的属性是每一个设计师必需的。

（2）人的生理感觉

视网膜上的神经细胞受到光的刺激而将信息传递到大脑的神经中枢，便产生了光和色的感觉，这是一个由视觉到感觉的过程。

红色的太阳、橙色的火焰是热的，蓝色的水、青色的冰是冷的。首先是看颜色，有了这种对自然界的认识，然后便对色彩产生了联想和习惯性的冷热感觉反映。人们还将色彩划分出不同的色感也叫做色调并制成色环（图13），色调即为色彩的主要倾向。从色环上看，由紫红到黄绿为暖色，也叫做热色，以橙色为最热；由青绿到青紫都是冷色，以青色最冷。紫色由红和青混合而成，绿色由黄和青混合而成，所以这两种都是中性色调，也叫做温色。色调的感觉又是相对的、带有倾向性的，要全面地看、对比地看，这里有着极为微妙的变化。色彩的冷暖感觉对于服装设计在把握时间、空间和季节目的时会起到重要作用。在

图12

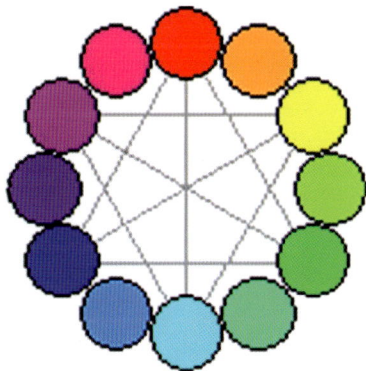

图13

戏剧中，作为舞台整体画面色彩和气氛的表达、作为处理人物的性格、人物与环境的关系、人物与人物的关系后将起到推波助澜的作用。

（3）心理情绪的反映

红色的太阳、橙色的火焰是热的，它给人的感受是兴奋的、热情的；蓝色的水、青色的冰是冷的，它给人的感受是深邃的、宁静的；天空明、地面暗，浅色因明度高而感觉轻、暗色因明度低而感觉重；明亮的颜色有接近感和放大感，而同样的观望距离，深暗的颜色却具有疏远感和缩小感。这些兴奋与热情、深邃与宁静的心理感受，冷与暖的温度感、轻与重的重量感、远与近的距离感、大与小的体积感等多种感受，都来自于人们实践中的体验和习惯以及错觉，于

是便有了"感情色彩"、"冷暖色调"、"视觉错差"等心理情绪反映。

色彩所引起人们的心理情绪和感情上的变化，是形成色彩审美和情感表现力的基因，也是审美中的情绪元素。色彩对人的心理和感情的影响，主要是通过它自身的情感表现力来引导人们对事物的记忆和联想，并逐渐产生象征性的概念，从而产生感情。例如，红色会让人联想到火焰与鲜血，它对热烈、刺激、胜利的象征性较为突出；绿色是大自然中森林、田野和春天的颜色，所以它给人生机勃勃、青春活力、充满希望的联想；蓝色可使躁动的心绪变得宁静，并且能触动人的精神世界，所以常把它作为理智、高雅、贤淑的品格和信仰、和平的象征；黄色是极富表现力的颜色，被视为高度智慧和文明的象征，并给人以高贵与尊严的感受，同时也加上野心和猜疑的联想。如黄金的金黄色，由于其高贵豪华的特有色和光泽感，而成为古代王公贵族的服装主色和主要装饰。

由于色彩的心理情绪是靠人反映的，人类在接受和反映过程中具有许多共同的特点是毋庸置疑的，然而，由于不同的时代、民族、文化、地域等形成的差异，个体的审美标准、方式和态度也存在差异和变化。这表现在对颜色的偏好不同、赋予的象征意义不同、心理反应不同等等。同样的白色，西方人作为虔诚、纯洁和高雅的象征而被制作成晚礼服和婚礼服；而在古代中国乃至现代，仍将是以哀伤的情绪而被用于孝衣和丧服，这在中国农村还相当普遍。值得注意的是，由于东西方文化的交流和相互渗透，一些民族的、传统的审美习惯也在发生着变化。如今在中国白色的西洋婚礼服，已经成为不少新娘的首选。与西方人不完全一样的是中国新娘要在婚礼上再准备上一套红色的礼服，除了用白色象征纯洁与忠贞，还是要强化大红给场面带来的喜庆气氛，这一折中手法出现在婚礼中，让作为上一辈的父母，以及上辈父母的父母

似乎并不太介意新人前面白色的穿戴，毕竟还是红色作了压轴戏，也便由脸上到内心都融入欢乐喜庆的海洋里了。

因民族而异，对于色彩的嗜好有许多不同：中国人对红色的偏爱世人皆知，德国人善于处理黑白色之间的关系，荷兰将橘红色奉为国色……设计师研究色彩、使用色彩，要依据具体的情况科学、严谨地进行处理。

2.色彩的变化规律

色彩是受诸多因素影响而存在的。如一座雪山固有颜色本应该是白的，但当远处观看则是青灰色，在日出或日落时又变成霞红色；大海的颜色更是变幻莫测：浅绿、翠绿、幽蓝、深蓝、灰色等。色彩是随着观察者的位置、时间和环境条件而变化的，并且在客观上有其变化规律，主要有以下几方面：

（1）色相本身的光亮度

有一种证实色彩光亮度的实验：在光线暗淡的暮色中，在无灯光干扰的环境里，由四个人分别穿上红、蓝、黄、紫颜色的服装同时向远方行走，其结果是：蓝衣人首先在视野中消失，然后是紫衣人不见了，接着红衣人隐去，最后消失的是黄衣人。这便是色彩的亮度相对于人的视觉所具有的不同表现力。

（2）光线的照射强度

光线照射在物体上，因其强度不同，会有不一样的视觉效果。通常分成强光、中等光、弱光。中等光对色彩自身的反映最为真实，过强的或过弱的光其表现效果变化很大。在强光下，物体会变得光辉灿烂，有的甚至被强光照射得发白，在光明中，心境也会畅快开朗；在弱光中，物体则会变得黯然失色，轮廓模糊甚至产生诡异神秘之感。在舞台和影视艺术中，就充分利用了光的特性创造了多姿多彩的戏剧效果。

（3）光源与物体的质地

同一光源照射在不同质地的物体上、不同光源照射在同一质地的物体上、不同光源照射在不同的物体上，都会有不同效果产生。人们熟悉的光源主要有：日光、月光、灯光、烛光等。这些光源从光度、光色、光效等许多方面都各有特色，它们与服装面料相结合，将会有许多奇妙的效果。如使用同样纯度的紫色，一块是柔软的乔其绒面料，另一块是厚实的漆皮材料，作为演唱服它们出现在同一台晚会上，我们将看到的结果是：演唱西洋歌剧曲目的女演员，袭一身晚礼服，造型简洁而流畅，那高贵而幽婉紫色，那华丽而柔美的质感，正是那歌曲中人物性格特质的写照；另一个女孩，穿一套结构怪诞的紫色漆皮服装，那摇滚风格的演唱，与灯光中闪着怪异光泽的服装，勾勒出时尚前卫的舞台形象。

光源照射对材料质地有重要影响，不同的光源在表现色彩上也有惊人的魅力，可以利用光源与材料的特性进行互补、强化、削弱、错觉等方法的尝试，创造出耳目一新的艺术形象。

3.服装色彩的特性

色彩对于服装而言有如下的特性：

（1）在视觉接受过程中，最先感受到的是色彩。比如我们看景色、看鲜花等，首先吸引眼球的是颜色。看服装也同样，选择的愿望第一步来自于心仪的色彩，下一步再看款型、面料、工艺等。在舞台上或在影视中，观众对人物的第一感觉也来自于服装的色彩，由远到近，先由外在形象再到人物的内心形象。

（2）对生活服装而言，其颜色首要是自己喜欢，再则是让别人欣赏，所以常听到人们问这样一句话："您看我穿这件衣服好看吗？""为悦己者容"，让别人欣赏是服装色彩的另一特点。在演艺服装中，服装的色彩要取决于戏的需要、艺术空间的整体需要和戏剧艺术风格的追求。

（3）服装色彩对渲染气氛、表达情感等尤为重要。对这一特性的认知早已在社会范畴中使用。在许多国家的医院里，人们早已熟悉医生或护士的服装已经由白色换成淡绿、淡粉色，绿是希望和生命的象征之色，粉色则包含着亲切和温馨的寓意；此外，野外作业的工装、运动员的比赛服、旅游服装等选择的色彩，除了必不可缺的功能性之外，都对渲染气氛、表达感情有自己的诠释。

4.服装配色的美学原理

对色彩进行的排列、组合、对比与调配叫做配色。其实，就所有颜色自身而言，没有好坏、美丑之分，只是欣赏它的人附加了情感色彩而已。对于服装配色，人与人之间存在诸多差异，对于同一件服装会有多种评价。尽管如此，服装配色还是有共通的美学规律可循的。

（1）色彩调和

在同一个色相里的色彩相互搭配容易调和；色相不同，但明度和纯度接近的颜色之间的搭配也容易调和，这叫做同一调和；色相、明度、纯度相近的色搭配的调和，叫做类似调和；在色相环上相对的色（也叫互补色）、明度、纯度相差很大的颜色搭配是对比调和。用于服装的同一调和与类似调和会有谐调、温雅的情调，对比调和则会产生明快、大胆的意味（图14）。

（2）色彩比例

运用好颜色的比例关系，能决定作者处理作品在色彩、色调、明度和纯度等关系上的成败。两个面积比例相等的同类色组合，会有平均、平稳、缺少生气的感觉；两个面积比例相等的对比色搭配，会产生杂乱无章、没有主次、没有颜色的后果。处理好色彩的比例一定要选择一个主导色，而另一个为从属色，这样，作品在色彩、色调、明度、纯度上的追求就鲜明了（图15）。

图14

图15

（3）色彩平衡

色彩平衡是指色彩在人们视觉心理上所产生的稳定性。色彩因其色相、明度、纯度的不同而给人以冷暖、轻重、前后、明暗等心理情绪反映。这样在色彩搭配时就产生平衡或不平衡的关系，具体可见下面的表现。

正平衡：就左右对称的服装而言，使用色彩的面积、明暗、轻重等，能在视觉和心理上有平衡感，叫正平衡。

非正平衡：在非对称结构的设计中，能用色彩的调配达到的视觉和心理平衡。

不平衡：由于服装中的色彩、结构、装饰等分配倾斜、偏位而没有取得平衡。不平衡在视觉上给人以

非常态感，会产生运动、不稳的感觉，但它可以通过多种方法得到弥补，如发型、围巾、手套、手包等在颜色和造型上的辅助配合，这又往往是"打破常规"设计的入手点。在戏剧舞蹈设计中经常会尝试这种创作思路。服装的不平衡感，会产生动感和不稳定感。（图16）。

前后平衡：前轻后重、前重后轻的感觉都为不平衡，这也是对设计师的提示：服装设计不光考虑前面，也不可忽视了后面。

上下平衡：有追求上轻下重的，也有强调上重下轻的，前者有稳定感，后者有运动感。上下平衡与否由上下色彩的比例关系决定（图17）。

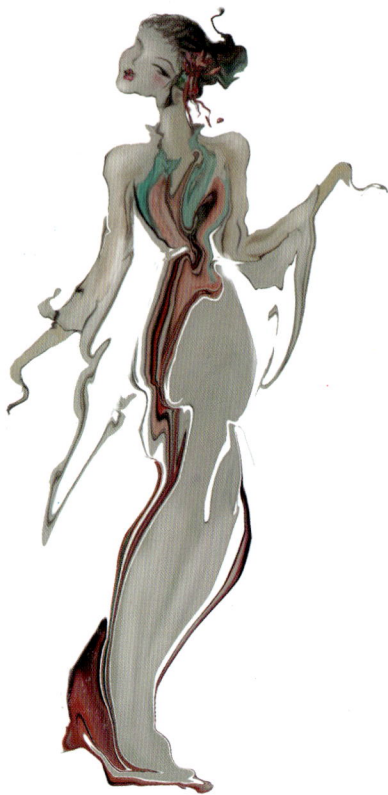

图16

图17

在艺术创作和艺术欣赏中，色彩平衡与否不是评价作品优劣的标准，是否期望色彩平衡是"创作需要"和"心理需要"的问题。比如在戏剧中的某个角色，出于戏剧人物性格的需要，给他以左重右轻的形体态势，这样在色彩面积比例，明度、纯度分配，面料的光感、质感搭配上都要强化那种偏重的态势，这种不平衡是创作需要的。色彩平衡产生视觉和心理上的舒适感，在艺术欣赏中，长时间维持任何一种固定状态就会产生视觉或心理疲劳。用不平衡的元素去反常态，以达到调节、改变和刺激疲劳，以使观赏者保持较好的欣赏状态。

（4）色彩节奏

好听的乐曲中必有动人美妙的旋律，美妙的旋律里定有动人的节奏。视觉艺术里有了色彩节奏会使整体变得鲜活、美丽、灵动。在音乐术语中，节奏是指各种音响有一定规律的长短、强弱的交替组合。它用于造型艺术则是描述色彩元素在视觉中重复出现的强弱、长短的变化现象。

服装色彩搭配的节奏是通过重点重复和重复的量而产生的。节奏形式是由色彩、装饰配料的重复使用，条纹或图案的二方、四方连续等表现的；另外，还有因色彩的层次而产生的节奏，它是按照光谱色将色相按顺序排列，或是在同一色相里用不同明度或不同纯度有序排列的阶梯状连续起来所产生的节奏。服装的色彩节奏，最终会与结构、装饰、人体紧密地结合而产生立体的、运动的、婀娜多姿的美的律动。在舞台艺术和时装艺术中，常能见到以色彩节奏、色彩旋律等音乐概念为主体创意的人物造型设计（图18）。

（5）色彩对比

事物的对比是由视觉感受到的。当眼睛在以一个色彩形象作为参照时，便能感觉到它们之间的同异，这就是色彩对比。

图18

色彩效果是用对比进行强化和削弱的。在绘画中我们有过这样的感受：当你想极力表现橙色倾向时，最好的解决办法不是去使用许多高纯度、高明度的"橙"色，而是去选择其补色"蓝"，这种由对比而来的效果非常响亮。色彩的对比类型有：色相对比、明暗对比、补色对比、纯度对比、冷暖对比等（图19）。

（6）色彩统一

在欣赏美术作品时有这样的情况：画面上颜色亮丽，色彩繁多，笔法独特，大有欣赏者叫好；然而评论家不屑地吟道："无色，无调，非绘画也！"作者不解："所用美色无尽，何谓无色、无调乎？"

图19

图20

评论家的呻吟不无道理，画家得此贬损亦绝非枉然。有一句话说："颜色太多等于没有色。"听来好似直白的话，却也包含了既适合于绘画也适合于服装的大道理。一件作品有无色彩，不在于使用颜色种类的多少和用量的大小，重要的是有无主体颜色的追求意识，而主体色又决定了整个作品的色调，这就是色彩统一的道理。有了这种把握，也就建立了创作的基型，保证着以后工作的有效性，以至不像前面那位画家一样的冤枉。统一色彩，不能理解为只使用单一的色彩，它既可以在同一和类似中取得，也可以在对比中完成。

试想，在一个明确统一的大气氛中，加以适当的强化、点缀、对比甚至是变异，必将使作品成为一件既有秩序又有变化，语言明确，形象清晰的佳作。色彩统一的理念还可以贯彻到服装造型、结构和材料质感中灵活的运用（图20）。

三、材质

材质是服装审美的又一重要元素。

凡可用来制作服装的面料、材料统称为材质。服装的材质，能传递不同的视觉、手感、体感信息，让人产生微妙的感觉和不同的审美感受。服装的材质具有较强的美学表现力和情感色彩，随着科学技术的进步与发展，服装材料的革新和创新不断涌现，设计师对材料的选择范围更加宽泛，以材料为创新主体的尝试也越来越多，这也要求设计师对其性能、特点的认知能力要增强。

1.服装材质的分类

常用的服装材质从美学表现力和审美感受的效果分类，主要有常规材质、非常规材质、再处理材质这三大类型。

常规材质是指人们常用的习惯接受的之一材料，主要包括棉织物、毛织物、丝织物、麻织物、针织物、混纺织物、化纤织物、天然皮毛、人造皮毛、天然皮革、人造皮革、无纺布等。

非常规材质是指在观念上不能用来制作服装的材料。其涉及的范围很广，并且很难评价好与坏、优与劣、雅与俗、美与丑，完全要取决于设计师的选择、创意及处理手法与手段。

非常规材质多用于戏剧舞台服装和表演类时装。塑料、金属、橡胶、木材及其制品、纸及其制品、玩具、弃物、花草等等，在非常规材质类型中可谓包罗万象，似乎只要能获取到的东西，都在非常规材料的范畴。

再处理材质，是指对原有的材质做染色、蜡染、扎染、手绘、印花、作皱、镂空、抽纱、水系、石磨、车缝等手段的再加工和处理。再处理后的材质会有与原材质面目皆非的效果，许多优秀设计师都乐于此道。

2.不同类型的材质特性

在常规类的材质中可以再分类，主要类型和特点如下：

（1）亮彩华丽类

此类面料主要有重磅真丝、绉缎、织锦缎、闪光缎、天鹅绒、丝绒、有光亚麻纤维、有光平纹针织物等。它们的特点是有悬垂感、流动感、光泽感、顺畅、柔软、滑爽，具有高贵、华丽之特质。这些面料常用于制作夏装、礼仪服装、舞台服装等。

（2）精致高雅类

多以纯毛、高级棉麻、混纺毛呢织物为主要原料，近年来又有许多高级合成纤维面料，既有合适的厚度、质感，又有极好的手感和体感。这一类面料具有高贵、典雅、挺括、庄重的特点，是制作男女正装的首选。

（3）轻薄透明类

是由单纤维或新型双纤维为主的原料制造的织物。多为透明平针织物或六角网眼织物。薄纱、巴厘纱、绉纱、纱罗、蝉翼纱、雪纺纱、乔其纱、尼龙沙等，都属这类材质。轻盈、悬垂、飘逸、透明、梦幻，是它们的表情特征。适合于制作夏装、内衣、梦幻气氛的舞蹈或戏剧、影视类服装。

（4）华贵厚重类

名贵的皮革、裘皮、高级纯毛织物、羊绒织物、天然羽毛织物、蟒皮、鳄鱼皮等，用来制作昂贵服装，作为社会地位和经济能力的象征。

（5）装饰面料类

装饰面料在服装中往往会表现得很有个性。装饰面料的空间可谓花花世界，新产品美不胜收，要能在这个世界里不看花自己的眼睛，就要对装饰面料的类别多有了解并做到心中有数，主要是将它们分门别类。

①经过印染、刺绣、手绘等工艺手段制成的带有彩色花形图案的面料。这种材料通过色彩与图案来表达设计者的创作意念，色彩的使用很自由，图案也包罗万象：世界风光、名人、名画、花鸟鱼虫等等，面料常常带有很强的时代感和浓郁的情感色彩。

②通过特殊的纺织工艺，使织物的纹理近似薄浮雕和凸凹的条纹、横纹、圆点纹以及各种具象或抽象图案和纹路的面料。这种面料表面的浮雕感，会使服装在厚度、重量、质地上的感觉发生改变而彰显个性。

③亮片类面料。这是一种华美高贵、熠熠闪光的面料。其光泽也有不同的类型，分为金属光、珍珠光、贝壳光、宝石光、镭射光、亚光等。面料可以用于服装的整体，也能用在局部。鉴于其特有的光感效应和独特的质感内涵，经常会被许多演艺服装设计师青睐和选用。

④蕾丝类材料。这是一种极富性格表情的材料，因颜色和花纹不同而具有娇美、妩媚、纯洁、性感、

开放等多种表现，是从生活里到艺术中都常常接触的材料。如今的蕾丝面料其质地和种类也不仅限于以往的丝、棉、纱类，毛、绳、麻、涤、金属丝以及多种混纺材料的蕾丝，已经发展得令人刮目相看了。

⑤专门用于在服装、服饰上作装饰效果的材料。种类和样式很多，常用的主要有用于镶嵌、拼贴、包边、连接的材料如针织、梭织、精编职务、皮革、毛条、绣片、绣条、彩绦、亮片绦、天然或人造珍珠、天然或人造宝石、天然或人造钻石等。这些材料是服装的点睛之笔，用于装饰服装，如果在样式、色彩和主面料上有完整的构想，合理巧妙地运用它们往往能起到事半功倍的效果。装饰还常常能与服装上的其他元素发生对比、强化、烘托、遮掩、间隔、弥补等许多关系。但使用不当效果则截然相反，会成为凌乱、造作、烦琐、低档、媚俗等破坏主体追求的元凶。如一件造型设计简洁、色彩单纯、质地高级华贵的晚礼服，虽无任何装饰但足以揭示穿着者高品位的审美，如果再施以装饰，无疑是画蛇添足；同样还是这款晚礼服，重新选择了面料质感一般的单色做主面料，这时便可以考虑用装饰材料来做弥补，如适量、适色、适形地去选择一些钻类、亚光片等饰物作图案的排列组合、用同类色的绣片镶嵌，并点以少量的发光物等，目的是转移观看者对面料材质的关注，这既属于面料的重新处理，也是面料、装饰材料互为补偿的办法之一。因为装饰材料的特别性能，所以是戏剧、舞蹈、民族服装和晚礼服所常用的，因而也常为设计师所重视。

3.认识非常规材质

对于设计师，尤其是演艺服装设计师而言，除了了解和掌握常规面料的性能及使用，更要大胆尝试和利用非常规材质，因为艺术形象的最大特点就是要有创新，即新的立意、新的视觉、新的感觉、新的知觉，而非常规材质则很直接地具备了组成这一系列"新"的主要条件。

对于设计师，服装是一件能表现、传达个人创意、情感、追求的承载体。非常规材质是一种很特殊的服饰语言，仅仅选材本身，就足以表现了设计者的胆识与智慧。用别人没有的思想去创意、用别人没使过的材料去创造、用别人没有用过的手段去呈现，这将是何等有趣味、有意义的创造游戏！

对于设计师，非常规材质的使用多用于演艺服装和时装，而这种工作经历可以启发和陶冶设计者的创作激情和热情，可以在一个相对自由、相对陌生的空间里大胆试验、体验、发现、探索艺术美的规律和特点，用以启迪和丰富常规材质的创作和设计。

第六节 ////// 人物造型的审美标准

人对服装的选择、穿着和评价的过程，即是对服装的审美过程，也叫做对服装的审美实践。对于舞台、戏剧、影视中的人物造型应该如何评价呢?

常能听到那人这样说话："那谁呀真好看，多像《A》戏中的靓妹'阿三'；那谁呀好潇洒，太像《B》片中的帅哥'阿四'。"可能，靓妹阿三和帅哥阿四会被界定为"完美"的人物形象。又听到那人说："这谁好坏哎，太像《A》戏里的小丑'阿五'；这谁太窝囊了，多像《B》片里的'阿六'。"于是，小丑阿五和窝囊阿六就被排斥在"美"的形象之外了。阿五、阿六虽然性格或外形并不招人喜欢，似乎与艺术根本没有关联，但是如果按照人物形象的审美标准来看，从阿三到阿六这四位都有可能是完美的艺术形象。首先，漂亮、潇洒与美是两个概念，阿三的靓丽或许正是由于阿五的衬托，阿四的潇洒可能正是有了阿六的对比。因为在表演艺术中，对人物形象的美与丑的界定有其独特的审视角度。

完美艺术形象的塑造要由导演、演员、化妆、服装共同完成。化妆、服装塑造的是外在形象，内心形象即人物性格，主要靠演员通过表演去完成。但成功的外形设计又可以帮助和启发演员去接近角色，适合角色，使人物从外部形象到内心性格完美地融为一体。演艺服饰如何审美、怎样审视和评价舞台和影视剧中的人物造型成功与否，下面几种方法可供探讨。

一、服装设计样式符合作品艺术形式

我国是历史悠久的文明、文化大国，源远流长的历史，使中华民族艺术具有鲜明东方民族特色和多种多样的形式与风格。戏剧、戏曲、舞蹈、音乐、杂技、影视等不同的艺术形式，又有不同的呈现方式和不同的表现手法。因此，各自对于人物造型的品赏要求各有不同。比如，中国传统戏曲遵循的是严谨的程式规则，在戏曲服装中，对各类人物的穿戴都有一套严格规则及很高的品位，所以在演出传统戏剧时，一般不太可能用现代舞的装束；而演唱一首通俗歌曲让演员穿戴"相貂蟒服"或"纱帽官衣"也过于另类了，当然，如果是创作者刻意追求的风格或表现手法则另当别论。这种风格与样式、样式与形式、形式与内容的高度一致是服饰审美的首要标准。

二、服装设计符合剧本条件

人物造型的首要依据是剧本，重要依据是资料，另一依据则是生活（仅在现代作品中适用）。服饰审美要看与剧作提供的时代、时间、地域、民族、习俗等是否一致。人类已经历过长久的风云变幻，不同的历史时期，社会制度、国家状况、宗教信仰、种族习性等都直接影响和关联着服饰的变化。如果观众对剧情所涉及的时代背景、历史文化等有所了解的话，则能对作品是否符合这一审美标准给出合适的评价。

三、服装设计符合角色条件

角色条件可以分为外在条件和内在条件。外在条件包括人物的年龄、性别、身份、地位、形象特征、形体特征等；内在条件是指人物性格特点，这主要依靠演员的表演去体现。实际上，一切外在条件都是为塑造人物性格而用的。

成功的人物造型绝不仅仅只有一种方案可选，不可绝对地说此方案多么好，彼方案如何劣，只能说是相对于作品的整体风格较合适而已，如果艺术创作真的走到"最好"这种巅峰状态，那也就无所谓进步与发展了。事实上，每个设计师对于具体的人物都可以同时拿出几个漂亮的方案，而一个人物出现在舞台或银幕上同一画面的同一瞬间（如果不是幻视处理的话）只能有一种形象。这个形象则倾注了设计师对剧本的理解、对整体风格的理解、对个体人物的认识、对人物造型风格的把握。如果观众在看完演出、看完电影、电视后谈及观后感时，能很喜欢某个人物的性格，并对其形象特征没有异议，则证明人物性格与外部造型已经结合在一起，并且达到了艺术的真实。

四、设计风格的统一

设计风格统一的问题有两个层面：一是与作品整体风格的统一，二是服装整体设计风格的统一。

服装设计风格的确立要服从于作品的整体风格，舞台、影视艺术是综合艺术，这种特性也决定了导演、表演、音乐、舞美等各部门都有各自的创作规律，各路艺术家共同创作的过程，就是在追求一种高境界的和谐，达到了这一目标，作品的整体风格也便统一、明确了。服装设计整体风格的统一与否，关系到创作的成败。这是一个看似好做其实不好做的事情。之所以如此，是因为一件优秀的作品看上去似乎并不"复杂"，而一件很是下了大工夫的东西却往往不是东西。问题的关键在于创作理念，简单地讲是要做到：头脑清晰、语言简练并有特点。清晰是指思想里始终有一条创作风格主线在规划着设计；语言简练是不要讲废话，不要认为别人看不懂而过多解释与表现，在造型语言的特色上做功课才是最值得的。设计风格的"统一"与"单一"不属同一概念，且不可同日而语。在风格一致的把握中有多种多样的表现手段，这便构成了艺术美的丰富性，这既是舞台艺术的目的之一，也是观众进剧场的目的之一。语言烦琐、语种繁多不一定是好作品，语言简练、特色鲜明的追求才是极具挑战性且具有高难度的。

五、创作设计有无新意

创造、创新是所有艺术形式追随的一条永远不变的法则。创新意识可以派生多种创造。仅就服装而言，有新形象、新视觉、新面目、新认识等多种多样的"新"，这些新是要靠设计师的新创意以及采用的新形式、新方法、新手段、新材质，以及制作师使用的新技术、新工艺等共同做到的。

人物造型新形象对于设计师来讲，在属于非写实性、非语言类的舞剧、舞蹈、戏曲、歌剧、杂技以及语言类的童话剧、人偶剧、神话片、科幻片等艺术类别的作品中比较容易展开和发挥。在针对较为写实性

的艺术形式如写实性话剧、写实性歌剧、音乐剧、电影、电视剧时，形象的创新空间则要受到限制。因为作品中所提供的艺术空间不可能与真实的生活空间相距太远，设计师也不可以随心所欲地去编造与艺术真实相差太大的人物。这时的创新，需要设计者有特别的思考、特殊的角度、特殊的目光，在平凡的生活中发现艺术美的闪光点。当然，任何创新的形象都要在作品艺术风格的统一框架中进行，除非是时装剧能给你尽情展示的舞台之外，人物造型一定要适用于剧情与表演的需要，任何脱离了创作的整体追求而独树一帜、喧宾夺主的"创新"，都是不应提倡的。

在一台演出中，由于服装设计过于醒目而被人铭记，未必是优秀的设计；相反，在一台优秀的演出中，所有的环节都紧密、完美地联系在一起而没有疏漏、没有卖弄、没有"抢眼的"噱头，以至于人们忘了剧场、忘了布景、忘了演员，记住的只有那激动人心的故事、扣人心弦的情节、身临其境的环境、忘我的表演、优美的舞姿、甜美的歌声……可能，人们早已把服装的样式忘到九霄云外，然而，可以肯定地说，服装设计是成功的。用极大的努力去塑造无欠缺、无多余、不造作、不张扬、不留创作痕迹的作品，是人物造型所追求的最高境界。

第七节 ///// 演出服装与生活服饰的关系

演出服装与生活服装在功能上有各自的特性。前者是为艺术作品中的人物服务，后者是服务于现实生活当中的人。演出服装的创造来源于现实生活，艺术是生活的提炼；艺术形象是现实生活中许多人的外在形象与内在性格的组合与升华，艺术服装有时对生活服装的流行与发展起到点化与引导的作用。

1495年，达·芬奇创作的壁画《最后的晚餐》，以耶稣和十二门徒聚餐的故事为题材。据说，达·芬

奇将整个画面都基本完成时只剩下犹大这个人物的头像迟迟不画。为的是能以较典型的人物特征去表现犹大这个灵魂肮脏、行为卑鄙的叛徒形象，达·芬奇常常到米兰的大街上去观测和搜寻，他尤其留心赌徒、流氓、罪犯等人的面部特征。后来，他终于从一个殴打贫民的官吏那凶残而快意的脸上捕捉到能为犹大所用的面貌和神态。

我国有个著名的典故叫做"江郎才尽"，说的是南北朝时期的文学家江淹，他在早年颇有不少好诗问世，其中的《恨赋》《别赋》尤为著名。传说江淹

曾投宿于冶亭，夜间梦见一个自称为郭璞的男子对他说："我有一支笔放在你那里已经多年，现在该还给我了。"江淹从怀里摸出五色笔交给了郭璞，从此便再也写不出佳句，当时人们都说他才能已尽。这个传说在《南史·江淹传》中有记载。故事听来好似荒唐，但细品却也不无道理。其实，江淹之所以"才尽"的根本原因在于他生活地位与生活态度发生了变化。他曾经历宋、齐、梁三朝，依附于几代皇帝并历任要职，随着地位的不断变化他越来越远离艺术创作的源泉——生活，故而才气枯竭也是必然的了。中国戏曲服饰来源于我国封建社会的传统冠服制度；民族舞蹈的服装是在民间舞的基础上逐步发展的，而民间舞的服装形式几乎就是有当地特色的生活服饰；而在现实主义风格的影视、戏剧作品中，服饰与生活的联系更是密不可分。没有哪一位艺术家的成功作品是脱离生活、脱离自然、完全凭想象编造的，不论其禀赋如何高也无例外。

第八节 //// 服装审美的民族性与时代感

当亚历山大东征侵入印度时，大批赤身裸体的禁欲主义者的举动激起了他的好奇心，他便向他们问话。印度人的回答是，他以那愚蠢的征服行径为世人所厌恶。他一路从本土攻城略地打过来，是在为自己找罪吃，也是在给别人找罪受，他所要占领的土地都将成为他的坟墓。亚历山大出人意料地对那些充满敌意的话语极为赞赏，他希望他们之间能加深理解。他怀着极大的愿望，希望他们中间能有一个跟他生活在一起的人，原因是他特别赞赏印度人身上那特殊的忍耐力和坚韧性。他把目标放到了禁欲者中一位最有威望的人物身上，然而这人以嘲讽的意味回绝了他的邀请。尽管如此，还是有一名叫喀尔亚那的人妥协了，他加入了马其顿人的行列，告别了自己的故土和生活。他成了亚历山大的朋友，他们一起去了遥远的波斯。不幸的是，喀尔亚那没有适应外国的生活方式和习惯而在精神上极为烦恼，他终于病倒了，尽管亚历山大好言相劝他仍然决心去死。木柴堆起来了，亚历山大按照西方人的习惯，为了给他的朋友减轻一些在告别这美好世界时的痛苦心情，指令拿来一大批贵重物品投入木柴堆。这是一个极为严肃、庄重的场面，吹起喇叭、检阅军队。然而，喀尔亚那对这一切为他而行的盛典全不在意，他丢下毛毯和陪他生活的金银器具奔向木柴。当他在木柴堆上躺下来时，他快活极了，他用自己的语言轻轻地为众神唱着颂歌，歌声是那样平静和坦荡。火焰点燃了，大火就要吞噬了他……马其顿人惊愕失色，他平静地躺着，纹丝不动。亚历山大避开了这使他既不理解又不忍目睹的惨景。显然，亚历山大和喀尔亚那的人生观是完全不同的。人类社会的许多不同是由民族习惯、宗教信仰、文化传统、生活习俗等多种因素所决定的，这些也必将导致不同的民族在服装审美中的差异和服饰文化的多层次中有诸多的不同。

演艺服装涉猎的范围之广阔可以说从已知世界到未来世界，只要剧本能写出来，就一定要呈现出来。当然，多数还是在人类经历的、为我们能够了解和熟悉的世界中徜徉。人类由地处不同位置的多个国家、多种民族组成，不同的民族有不同的服装审美习惯，便有了不同的着装方式，也就有了显著的民族差异。而这些差异又充分表现出具有民族特色的服装审美理念和审美趣味，了解这些将会使设计师开启智慧、开阔眼界、丰富知识，准确地把握创作。

一、服装民族特点的成因

民族特色的形成主要有以下因素：

1. 生活环境和习惯

地理条件、居住环境及生活习惯，是影响着装特色的重要因素。北极地处寒带，四季与冰雪为伴，所以我们能见识到爱斯基摩人那特有的装扮；荷兰地势低洼，地面比较泥泞，于是便有了那为本地人和各地游客都喜欢的预预的木底鞋；我国东北以渔猎为生的赫哲族之所以有"鱼皮部"的称呼，是因为直至20世纪初，他们的日常用品和服装被褥等还在坚持着多以鱼皮和兽皮制成。

2. 社会习俗与宗教信仰

社会习俗和宗教信仰对于民族文化和生活的影响与渗透经常会很明显。在我国有许多地区盛行为孩童做兜肚（用于保护腹部的一块布，也适用于成年人）或做百家衣的习俗。兜肚的图案纹样很多，大都是祈福吉祥的。有一种五毒图案的兜肚极有特点：在一块红布上刺绣五种毒虫，分别是蝎、蛇、蜈蚣、壁虎、蟾蜍，红布意在避邪，五毒则以毒攻毒，用以驱逐"邪毒"的攻击。百家衣则是取多家的布头拼合而成的童装，意思是借助邻里乡亲的帮助，使孩子健康成长。这些无疑是与当地人们的生活习俗有关联的。此外，宗教对服装的影响也不容忽视。宗教是一种极其独特的文化现象，作为一种精神现象、思维方式、认识方法，它从一个特殊的角度，以一种特别的方式，记录了人类社会思想发展的脉络和进程。在宗教产生的最初阶段，万物有灵观念、图腾崇拜、祖先崇拜、生殖崇拜等原始宗教观念都包括其中。如今尽管宗教已经发展到高级的人为宗教阶段，但在许多民族文化中我们仍然能够看到原始宗教的文化印记。早在12世纪，欧洲有些国家在建筑、生活用品、服装的装饰上就出现了隐喻圣经故事和象征宗教寓意的装饰纹样。衣饰上的装饰花卉图案常常见到的三片叶子是圣父、圣子、圣灵三位一体的象征；四片叶子暗喻四部福

音；五片叶子代表五位使徒等。在我国少数民族服饰上也留有许多宗教文化的遗迹：从苗族服饰上著名的"蝴蝶妈妈"图案，到盛装苗女胸前的"大银牌"；从纳西族女子羊皮披肩上的"日月七星"图案；到土族妇女的"五彩花袖衫"，无一不隐含着浓厚的宗教信仰和图腾崇拜之内涵。

3. 文化传统与民间艺术

一个历史悠久、文化积淀深厚的国家一定会在服饰文化上有所体现。人类社会有许多不同的民族与文化，于是在服装上也就出现了异彩纷呈的服饰文化特色。据考证，在中国服装史上，早在西汉时期就发现带有吉祥寓意的图案出现在服装面料上，其中有用植物隐喻的，也有直接嵌在面料上的"如意"字形。另外，文人们常用来比喻高风亮节的"梅、兰、竹、菊"图案一直沿用至今。非洲妇女的服装和围头巾，色泽艳丽、图案拙朴，其内容也多有对社会生活、社会状况、图腾信仰、生活前景的描绘、企盼和期望。

4. 民族精神与情感

民族精神与情感在服装中的体现随处可见，中国的"唐装"，日本的"和服"，苏格兰的"花格裙"，加纳的"肯泰"……这些服装中无一不满含着民族精神与民族感情。纳西族的东巴教和北方诸民族信仰的萨满教，这些宗教观念认为世界是二元的，善与恶、美与丑、吉与凶通常都可以用两种对立的色彩来象征，这两种色彩就是白与黑。萨满教认为，神居住在天上，白色是天的象征，代表着善，而地狱是黑色的，引申为恶；因此白色被视为吉祥、幸福的颜色，受到人们的普遍喜爱，服饰也体现出尚白的传统。而白色服装对于汉族则完全是另一种情感。

二、民族特色的体现

服装民族特色的体现主要有如下特征。

1．性格特征：鉴于东西方文化的逐渐融合，有一种对于现在来讲似乎有些过时的说法，姑且当做我们是在说过去的事。曾经，西方人多以率真自我、喜于表现而著称，东方人则以温雅含蓄、乐于平稳而被公认。西方人的我行我素和中国人循规蹈矩的性格差异在着装意识上也都有所体现。

在北京的早春看到过一次有趣的事儿，老北京叫做"看西洋景儿"："小老外"不合时宜地穿着半袖"T恤儿"和大花裤衩儿，骑着自行车在"胡同儿"里转悠，和穿着大毛衣、热得汗流满面的"北京大爷"撞了个正着，"嘿！"两人定了个神儿。北京大爷看着老外的这身打扮随口说了一句小老外听不懂的"半疯儿"，老外笑着支应了一句"傻帽儿"。嘿！合着全都能听懂，两人都善意地笑了。

当今，在这个季节，大批曾经被叫做"傻帽儿"的俊男靓女已是层出不穷，"北京大爷"早已见怪不怪。然而遵循"春捂秋冻""随季更衣"着装格言的人毕竟不为少数，"俊男靓女"的父辈、祖辈们就是一股强大势力。这占有大多数比例优势的人们坚持认为那才是科学之理、养生之道。这多少能反映出因民族性格和生活习惯而形成的不同服饰文化现象。

2．地理位置：阿拉伯地处气候炎热干燥的沙漠地带，本地区的男子习惯穿腰臀宽阔的肥裤和下摆肥大的长衫。这种宽松的服装能形成日阴，以避免阳光的直射使身体的水分过多蒸发；阿拉伯女装最明显的特征则是那绚丽的色彩，与大漠单纯的沙色形成鲜明的对比，并给予大自然悦目的点缀。阿拉伯人服装的穿着方式也很独特：男人喜欢在宽松的长衫外穿上马甲或挺括的西装；女子愿意在肥大的裤子外加上超短裙，这样便形成了刚柔并济线条和错落有致的比例变化。为此，阿拉伯风格的服装常常以亲切大度的特色被设计师推崇。

位于大高加索山脉的高加索民族服装也极富地域特点：男服白色T字形衬衫，肥大的灯笼裤外罩短棉袄和无袖敞怀束腰长袍，长袍胸部两侧缝有子弹夹，脚穿皮靴或毡靴，头戴羊皮筒帽或毡帽，尤其是那件宽松适用的毡呢斗篷，再点缀上那不知是冻红还是酒精的作用而变红的大红鼻头，把个高加索山区民族豪放热情的特征表露得淋漓尽致。

3．生理特点：黑、白、黄三种肤色的人代表了三大种族。三大种族在身体比例、形体特征上也有明显差别。仅就白、黄两人种进行比较，一般地说（不包括模特儿），白种人的头身比例为1∶（6.5～8），黄种人为1∶（5.5～7.5）。在形体特征上白种人四肢较长，粗细适中，胸、腰、臀三个部位侧面曲线明显，肩比较平宽，肩头稍向后倾；黄种人的四肢较白种人要粗短些，身体侧面的胸、腰、臀曲线不够明显，肩较窄并下溜，肩头前倾。这些生理特点使得白、黄两人种分别具有修长挺拔和娇小灵活两种明显的特征。

由此可见，其服饰风格自然会各有所异。按照白种人(欧版)设计的服装对于黄种人则不一定合适，而中国旗袍那种东方气韵，欧洲金发女郎的气质也相距甚远。此外，肤色对于颜色也很挑剔，常让人感到不公平的是，白色人种几乎可以毫无忌讳地去选择自己喜欢的任何颜色，而服装色彩对于黄种人却吝啬得多，它要求在组合、搭配上格外小心，稍有不慎，服装——这个人的第二皮肤不是令你满目生辉而是黯然失色。由此可见，按种族的生理特征设计和选择服饰是重要的。

4．生活方式：不同的社会制度、经济状况、生活习惯使不同国家和民族在生活方式上大有区别，因此也产生了服装类型、样式、用途等多方面的差异。西方人极为重视夜生活，这常常是他们社交、娱乐、经商等活动的好时机。女士们先生们会根据自己的社会地位、经济条件和活动目的去设计选择需要的晚礼服，这也是漂亮女士们的特别大秀场；对于大多数的中国人来讲，在经历了一天的劳作之后更习惯的是，穿着休闲的居家服，以家庭为单位悠闲地嚼着壳类小吃、品着青茶、看着电视故事、再聊着世界新闻和寻常家事，轻松随意地品味着自己的夜生活。

过着流浪生活的吉卜赛人似乎从来就没有自己的民族服装，曾经，他们所穿的衣服多是靠别人的施舍或是沿途买的廉价货。在他们身上，有过时的欧洲贵族服装、陈旧的军装、商人或是手艺人的服饰等。由于服装的来源不同而样式各异，加之他们往往是凭着个性和喜爱而穿戴，所以总是与当地人差异极大，与流行的样式格格不入，因而给人一种无统一标准、近乎于胡乱穿戴的印象。然而，正因如此使得吉卜赛服饰具有一种区别于任何种族服装的自在穿衣、随意混搭，甚至于荒诞风格的典型特色。

5. 宗教与习惯：各个民族都有自己的宗教信仰和生活习惯。看到阿拉伯妇女的洁白的面纱、印度妇女鲜艳的沙丽、欧洲修女肃穆的黑袍不难使人们领悟到宗教与服饰的关联。而我国少数民族服饰上的日月山水、飞禽走兽、草木花卉等图案又不难感受到古远的图腾崇拜的气氛和寓意。

游牧在撒哈拉沙漠的图阿雷格人虽然人数不多却闻名于世，其重要原因就在于他们那种奇特的装扮习惯。成年男子戴面罩，并且遮覆到只露出眼睛，他们不仅外出时戴，即使在家里也如此，有时睡觉时都不摘下来。在进食饮水时总是小心地撩开面罩的下端，并不时害羞地用手掩住嘴和鼻子。尽管外人对他们戴面罩有多种猜测，如"伪装自己""保护面部""防灾避邪""母系制残"等，而图阿雷格人却说："不过是习惯罢了。"在这里让我们看到，"习惯"会使装束具有本民族的典型标志。

除以上所列的几种重要特征外，世界各民族服装差异还有许多，如造型、装饰图案、手段、手工技艺、穿戴方式等等。

服装民族特色的形成与社会、文化、经济等紧密相连。由于时代的变化，经济的发展促进文化的交融，服装的民族特色在变化，人们对于服装的审美标准也在起变化。当今，我们不难看到，服装的同化现象非常明显，这时的服装民族性就更为重要，因为任何一个强大或弱小的民族都不反对以自己本民族所特有的、为世人所选中的服饰特色去引领当今的服饰潮流，而且慷慨地将自身优势投注其间，并以此而津津乐道。所以"民族的即是国际的"这一服装界的常用语，不仅表达了人们不甘落后于时代的精神，更表现了人们的民族荣誉感和责任感。

三、服装审美的时代感

我国的传统文化、民族文化、民俗文化、民间文化是艺术家创作素材的宝库，不同时期的绘画、雕塑、建筑、工艺美术以及历代的服饰艺术为我们在创作中进一步体会作品内涵、气韵、情调给予了最好的比照。在那五彩斑斓的民族服饰中，精彩华丽的苗族头饰、潇洒酣畅的藏族氆氇、朴实憨厚的赫哲族皮袄、绚丽多彩的维吾尔裙饰、秀美温柔的傣族装束、蜚声中外的满汉旗袍……都将引领设计师在创意的空间畅想；那渊源深远、流传甚广的民俗文化、民间文化展示给设计师的可能是既熟悉又陌生的光怪陆离的世界；"高跷舞"的节奏、"灯会"的色彩、"傩舞"的气氛、"社火"的场面、"婚丧嫁娶"情调……此外民间的剪纸、年画、风筝、皮影等数不胜数的手工艺品，都会成为艺术家作品的闪光点。

在民族文化中发掘开采创作资源并不是指不加思考、不予提炼的效仿，所谓姐妹艺术之间的学习与借鉴也不是无目的地套用，前人的东西毕竟作为历史已成过去，并留下带有时代印记的显著特征。在当代服饰风尚中，经常会吹来一阵"回归风"，又刮走一片"复古风"，初听起来，似乎像是要回到从前，归到过去，但仔细观察，这些思潮中却无不传递了现代人的思维与观念。其最为明显的特点就是自我个性的表现与张扬明显渗透其中，即使是对于那些来自于有历史符号记载的如"原始""哥特""巴洛克"等风格的服装也只是在追随或玩味着一种精神情调或气氛色调，借此作为直抒胸臆的一种方式，而服装的整体结构和样式早已浸染了浓重的现代意识，与前人的遗物相比可谓面目全非了。由此可见，对于每一位有见地的创作者，在时代感的问题上都会用气力去把握。因为现代人的世界观、价值观、生活观、审美观、思维方式和现代技术、应用材料等现代的一切，都将使人们规避不开时代所限定的空间，都在自然地顺应着时代的总体风格，更何况许多设计师常常会把"时代感"作为作品的首位追求。

在1995年法国举办的《东方来风》个人服饰展中，笔者设计了一组名为《都市女孩》的系列服装（图21），采用了最有民间特点的"大花布"的色彩为基调，在黑色底料和时尚款型的对比下已经完全剥离了生活现实的束缚，图案也与传统花型相去甚远，只是在欣赏与思考之间会对那绚丽的"大花布"有丝丝回味。国人评价它"很时尚"，而西方人却仍然认为它"很中国"；中国戏曲服装一向以色彩艳丽、装饰精美而著称，在中央文化部举办的首届"中国诗歌节"开幕式晚会中，笔者设计的一组由京剧服装提炼演变的群舞服装，在色彩、结构、材料、样式上采用了逆向思维的创作方法、反叛对立的表现手段，使舞台上呈现出具有抽象意义和探索意味的戏曲舞蹈服装（图22）。

从广义讲，服装的民族化问题并不仅仅是某种民族纹样的简单移植，也不是一幅古老图案的拷贝，更不是哪个传统款式的复古，它应该是民族文化、民族精神、民族性格、民族情怀与时代特征、时代风貌相对比、相沟通、相融会、相结合之后的新的升华。也正是因为民族性所内存的古雅醇香，才使得服饰艺苑

图21

图22

色彩绚丽、气息芬芳，让人们永远感到亲近、亲切、新奇、新鲜。

四、人物造型职能之新探

关于专业职能的问题前面已有阐述，之所以再论此题是想结合某些现象探讨与专业有关的某些问题。随着社会、时代的变化，舞台美术、人物造型的目

的、职能好像也发生了许多变化。那些循规蹈矩的演出艺术审美格局似乎成了远年往事，名家故人的审美风范似乎已经不再至高无上，表演艺术的核心似乎已经不再是表演，仅仅是对某种形式的探索与游戏似乎成了定式。

曾遇到舞蹈编导提出："你可以给我设计一件像美丽的大花一样的服装造型吗？我要让这朵花在舞台上绽放！"笔者问："谁用？""舞蹈演员。"编舞回答。尽管笔者对编舞的"复制"不很认同，但想来这个编导可能是首次尝试也便不很情愿地认同了她；又遇到这位编舞再问："你能设计一只大鸟的服装造型吗？我要让它们展开翅膀在舞台上飞翔！"笔者又问："谁用？""还是舞蹈演员用。"编舞回答。笔者不禁为舞蹈演员感到悲哀，一种用着那么美妙语言的形体艺术，一群优雅的女孩，却被捆绑得像个大道具——花架子，还要笨拙愚蠢地模仿那永远飞不到空中的鸟。笔者也为编舞感到悲哀，其实如果编导能用一点智慧，以舞蹈语汇去表现花的傲骨、花的个性、花的鬼魅、鸟的高傲、鸟的灵性、鸟的激情，也许会比模仿"花的美丽"和"鸟的飞翔"要有意义得多，可她却花费那样大的工夫去模仿与复制，结果是把真花变成假花，将活鸟变成了死鸟。为了少一份这样的悲哀，笔者拒绝了编导。

在市场经济的冲击下，文艺体制已在探索着走向市场化与商品化。一些专业团体不得不填充一些通俗的甚至是庸俗的内容以维护其商业运作和生存，并汲取一些旅游文化和广场文化的汁液。作为一种形式与样式的探索此类做法无可厚非，但如此情景却是愈演愈烈，即使是公益性的表演艺术舞台，也在搞类似于选美秀场的大比拼，似乎没有这些就会落伍，就不成其为艺术了。

近来有不少媒体做过这样的报道：某部电影的服装投资巨大，用了多少工多少料多少时多少人；某台演出的头饰用料昂贵，花费了多少银多少金；某电视剧里某件服装堪称"镇组之宝"，身价如何金贵……诸如此类的蛊惑弄得人们好像不去亲眼目睹就要遗憾终身，然而唯独不提的是这里有多少创意、创新。这种浮夸、奢靡、炫耀之举，能否填充作品内容的匮乏呢？

这个时代最深刻的人类变迁是人们正在重新审定人的内在价值。当代艺术对此的反映则是将因为价值危机而出现的种种畸态的艺术作品作为对现实的回馈，舞台艺术自然也囊括其中。目前这种现实，需要正面地坚持内在价值的人与那些被崇敬的艺术，持守对人性精神与本质的尊重，寻找宁静、寻找平实、寻求人类有史以来具有支撑作用的那种精神理念和崇高精神的升华。艺术的职责不是为了创造与这个世俗时代等同价值的东西，不是随着艺术信念的阶段性退化而轻狂地追逐名利，而是追求更为深远、广博、具有世界诸文明所拥有的人类基本价值与共同普遍价值的精神和理念，这将是面对世俗大潮最勇敢、最艰难、最具挑战性的回应。

[复习参考题]

◎ 为什么要研究服装美学？

◎ 你对形式美法则有无独到的理解与应用？

◎ 了解和掌握服装设计的审美元素有何意义？

◎ 演艺服装设计的审美标准有哪些？

◎ 怎样理解服装审美中的民族性与时代感的问题？

第二章　演艺服装设计

本章重点 》

用理论与实例性结合的手法阐述与展示了多种演出服装的设计风格、种类、样式及设计程序。

学习目标 》

风格是设计，样式是呈现，程序是规则。熟悉了解它们，则下一步的工作也就有了清晰的追求和工作的目标，并且，它将指导我们从整体到局部都不会迷失方向，既有新意又不外行。

建议学时 》

12课时。

第三章　演艺服装设计

在进行服装设计之前有一个必须搞清楚的问题，那就是关于设计风格和设计样式的问题。弄明白这个问题，则下一步的工作也就有了清晰的追求和目标，并且，它将指导我们从整体的大局再到个人的局部都不会迷失方向。

第一节 ///// 设计风格

演艺服装的设计风格一般可以从两个视角去看，即呈现风格与创作风格。

呈现风格：是指创作完成的艺术作品所表现出的独特或典型的原则和特点。

比如我们常说到的：这台戏的服装具有唐宋风格，那个造型来自于巴洛克风格，某部电影是动漫风格等，这说明服装的艺术表现风格不仅仅是指设计师的个人风格，也包括设计师采用先前已有的风格。这也是在设计当中必不可缺的。

创作风格：是艺术家在创作中表现出来的个性和艺术特色。因为人格人品、思维方式、生活阅历、文化知识、艺术素养、思想气质的种种不同，艺术家在处理题材、确立主题、结构布局、塑造形象、处理手法和运用语言等艺术表现手段方面都各不相同，便形成了作品的不同风格，同时也体现了创作者的个人风格。

服装设计风格直接影响演出的整体风格。在一台戏、一部电影或电视剧中讲到服装设计风格时，首先要了解作品的总体风格是什么。服装设计风格只有做到与作品的总体风格高度匹配与协调，才是成功的设计。

服装艺术风格的区分标志：

1.以服装的时代特征为标志的风格。如原始风格、汉代风格、明清风格、中世纪时期风格、文艺复兴时期风格、法国大革命时期风格、古希腊风格等。

2.以地区服装特色为标志的风格。如地中海风格、东亚风格、南美风格、北欧风格等。

3.以民族服装特点为标志的风格。如爱尔兰风格、藏传佛教风格、伊斯兰风格、土著风格、俄罗斯风格、塞尔维亚风格等。

4.以个人影响力和艺术的特色为标志的风格。如维多利亚风格、鲁本斯风格、蒙特里安风格、拜占庭式风格、哥特风格、洛可可风格等。

第二节 ///// 服装设计风格的种类

演艺服装设计的表现风格一般有两种方式：一是以先前已有的风格为前提进行再创作；二是以鲜明的个人特色出现并贯彻于全部作品之中，随之而呈现的该作品的服装设计语言，即该作品的设计风格。

服装设计通常沿用的设计风格主要有以下种类。

一、写实风格

客观地观察生活和事物，并按其本来的实际状态和样式精确细腻地反映现实的风格，即为写实风格。

在戏剧、影视艺术作品中，写实风格是最为多见的。因为，在我国直至现今，戏剧、影视的创作多奉行以现实主义创作原则为主流，尽管在现实主义作品中不乏加入了浪漫、表现、抽象等其他风格的处理手法。

实际上，写实风格的服装对于设计师来讲，并不是一件很轻松的事。因为现实生活给予的选择空间太大，可取的创作元素也太多，往往又是观众所熟悉和最有理由给予评论和挑剔的，如果不经过加工和处理就完全从生活中拿来，则失去了设计工作的意义。设计师的主要任务是利用现实生活中所提供的素材，根据剧情、创作整体风格、人物性格、演员个人条件、服装整体布局、色彩分配的需要，选择出最适合角色的那些部分，加以个人加工、改造、创造，使生活的真实上升为艺术创造。

全国总工会文工团话剧团公演的话剧《热血融冰》，是一台反映我国南方在2008年早春遭受罕见雪灾以后，电力工人不畏困难、抗雪救灾的真实故事，全剧采用了写实性风格。由于事件的严重性，我国政府对灾情给予了极大关注，媒体也进行了大量宣传，这便成了人们太熟悉的事件、太熟悉的环境、太熟悉的一群工人形象。服装设计选择了两个主导元素打破了"工作服"在样式上的统一和色泽上的单调，那就是"冰"和"雪"。这些来自于上苍的造化，既造福于人，又降灾于世。选它们作重要的创作元素真的有许多感慨。"冰"作用于服装所产生的身体感觉是凉、湿、硬；视觉感觉是局部反光、颜色混杂、质感沉重。这些特征为服装在色彩、质感、光感、做旧处理上提出了要求。在服装上"造冰"是一次试验性很强的尝试，当采用了加厚、覆冰、褪色、喷染等特殊手段完成这些艺术处理之后，一组色彩有别、搭配各异、处理部位不同的"工作服"演出服便有了各自独特的面貌；"雪"是另一个重要的元素，全剧都在飘舞的飞雪中进行，它挂在人们的头上、肩上、衣服上，它承担着将全剧人物服装整一化、形式化、情景化的多功能，并将人物形象与戏剧风格和主题牢牢紧

图23

扣（图23）。

对于写实风格的设计，最重要的是怎样在茫茫的生活海洋中，捕捉、挑选到能为设计所用的素材，经过精心创作、加工、提炼后能称之为艺术形象。

二、写意风格

用简练的笔墨描绘物象的形神，用以抒发作者追求的精神、理想和意境。这就是"写意"，这是中国古代文学艺术创作所追求的重要法则，也是古典美学的术语。顾名思义，写意与写实的不同之处在于，它不主张真实地再现客观事物，不强调一味地追求对所要表现的物象做准确无误的描写与刻画，突出的是"达意畅神"，强调"外师造化，中得心源"，要求"意在笔先，画尽意在"，做到"以形写神，形神兼备"，这就将创作者的主体意念放到了首位。

写意性的服装设计要求设计者要有丰富的想象能力、设计能力和对事物的观察、理解能力以及将复杂的事物整合以后的提纯能力，即去掉繁复，去除表象，留住精华，发扬精神。它是设计者审美体验、审美情致和审美理想的综合体现。

在服装设计中，舞蹈、舞剧、戏曲中的人物设计

多采用写意风格，这主要是由艺术形式所决定的。

全总歌舞团排演的舞剧《三圣母》的人物造型设计，采用的就是写意性风格的处理。这是一个神话故事题材的民族舞剧，由于不受时代和地域的限制，这便给了各个部门很大的创作空间。写意，是这一舞剧的总体风格。舞蹈、舞剧是用动作语言与观众交流的艺术，服装的功能是在适合角色的首要条件下尽可能地为演员创造可舞性，使肢体动作最好地得以展示、使舞蹈语汇最好地得以传达。舞台形象划分为人、神、动物三类。人类的造型特点是质朴鲜活、民俗风尚、田园气息；神界的形象突出了华光异彩、轻盈飘逸的特征；动物造型则追求精灵古怪的特点。在选取了这些造型定位以后又全部进行多次的洗礼与提炼，最后确定了写意、简洁、浪漫、唯美的设计追求。此剧作为国家优秀舞剧剧目参加第十一届亚运会艺术节演出（图24）。

图24

三、抽象风格

所谓抽象，就是抽取事物的本质属性，抛开其非本质属性。作为一种艺术流派，抽象派20世纪初产生于俄国，后又流行于西欧和美国，主要盛行于绘画和雕塑领域中。用抽象的符号表现世界，反对用具体的造型语言描写客观形象和生活内容，是抽象派的特征。其创始人是俄国画家康定斯基。

对演艺服装而言，抽象是在对表现对象的属性作分析、综合、比较、归纳、演绎的基础上进行的。以抽象性和间接性为特点，去揭示事物的本质和内部的联系，这便使服装造型的样式、结构、层次变得更为单纯和简洁。有趣的是，它却颠覆了人们对于直观形象的常态思维过程，从视觉的抽象形态变成思维的具体内容，从思考中再现事物的整体性和具体性以界定自己的判断。这便呈现出了一种人类特有的高级认识活动和能力，并由此派生出对人物形象乃至对整个作品的重新认识和思考。鉴于每个观众的参与，从而扩展了作品自身功能和所想表现的内容，同时也扩大了艺术欣赏的空间。

兰州军区战斗文工团演出的群舞《较量》，以塑造、体现"男人的阳刚之美、军人的坚毅之美、勇士的力量之美"为舞蹈所要诠释的主题。著名舞蹈编导杨威以立体空间的思维方式和具体独特的舞蹈语汇生动地展示了军人的魅力。其服装设计在构思与表现上都运用了抽象的创作手法，除了采用军绿色作为军装的基本符号性标志之外，在款型、结构、样式上都作了大胆的变革。训练服、野战服变成了能使人物形象整体、简洁、修长且适合于舞蹈动作的连体服装；军人身上的军事装备由几块具有透雕效果的金色饰物替代。这种设计加大了肩部的宽度，突出了坚毅感，增强了胸部的厚度，强调了力量感，金色配件上抽象的镂空样式既有独特的形式美感又平添了几分现代气息，使战士们身上焕发出青春灵动的阳刚之美。作品在编舞、表演、音乐、人物造型上达到了完美的协调，并在第四届CCTV电视舞蹈大赛中获群舞金奖（图25）。

四、动漫风格

动漫风格的服装设计源于动画（也叫做卡通）影片和漫画，但它与动画影片和漫画又是完全不同的艺术形式。动画影片是将许多张带有连贯动作的图画，

图25

依次一张张拍摄出来，当连续放映时，在银幕或屏幕上形成的活动影像；漫画是绘画的形式之一，它具有强烈的讽刺性与幽默性，从政治事件和生活现象中取材，通过夸张、比喻、象征、寓意等手法，表现出幽默、诙谐、辛辣的图画，借以讽刺和批判某些社会现象、歌颂美好的事物；动漫服装设计则是为动漫风格的舞台、影视作品做造型设计或在作品中为某些角色做动漫风格的服饰设计。

图26

在动漫风格服饰中可以分为两大类形象设计，即人物化和非人物化设计。人物化设计是指对人物设计要遵循卡通和漫画的创造原则，极大地简练、极大地夸张，但又不完全等同于人类服饰的主要特征。例如，中央电视台青少部为2000年春节特别制作的卡通电视音乐剧《相聚在龙年》中龙哥和兔妹的设计便属于动漫人物设计。龙哥，一个精灵、现代、充满朝气的时尚男孩，服装采用金属质感的面料，前卫的款型、精怪的龙头饰，加之穿上旱冰鞋在舞台上快速流动的身影，截然是一条有着新时代面貌的小金龙；兔妹，一个可人的小姑娘，温柔的绒毛质感、温馨的淡粉短裙，都将造型最大可能地抽象化与时尚化，只是两只俏皮而夸张的大耳朵带有明显的动物象征（图26、图27）。非人物化设计是指除人物之外的其他形

图27

象设计，如动物、植物、虫鸟、器物等（图28）。法国巴黎歌剧院演出的歌剧《西游记》中老龙王、虾、乌龟、鲨鱼等都属于非人物化设计（图29、图30）。

图28

图29

图30

动漫风格的服饰与其他表演形式的服装最大的区别在于，对服装的造型、色彩进行了极大的变形和夸张，是完全不参照人的比例而由人穿着和展示的表演服装。此类服饰多用于人偶剧、童话剧以及因剧情所需的特别造型设计。

五、科幻、魔幻风格

科幻、魔幻题材多用于拍摄电影和电视剧，由于表现技术和表现手段的局限，此类题材很少用于舞台戏剧。

科幻片，顾名思义即"科学幻想片"。是依据科学技术新发现、新成就以及科学技术发展趋势与科学家在重视科学性、知识性和趣味性的前提下，以大胆想象与幻想为主要内容的故事片，其基本特点是，从今天已知的科学原理和科学成就出发，对未来的世界或遥远的过去的情景作幻想式的描述。科幻电影所描写的是发生在一个虚构的，但原则上是可能产生的模式世界中的戏剧性事件。如美国的《星球大战》《黑客帝国》《蝙蝠侠》等影片。

魔幻片，是由经过个人或群体创造出来的环境形象和角色形象，包括不是人但带有人性的形象行为主体组成的虚构幻界。主要是以此表现或暗喻人的社会、思想和观念等。魔幻，也是表现人的创造力和文化方面的重要精神财富。好的魔幻类作品可以给观众很多的收获，并能激发人们的创造力及想象力，它同样也是人类的社会文明、科技进步、文化发展和时代艺术之财富。比如《指环王》《龙骑士》《哈利·波特》等著名美国魔幻大片都是典型的作品，中国古代四大名著之一的《聊斋志异》，也是极好的魔幻片的题材。

此类作品的服装则要采用与相应风格统一的设计。就早期的科幻片而言，人物塑造比较简单直白，好莱坞科幻片大多希望观众将注意力集中于特效、特技和故事情节的发展和变化上，因此其人物塑造相比于其他类型片来说就较为单薄与简单。人物的维度较少，服装所显现的表面和内心较为统一，性格较为固定或只有简单的波动和变化。但近些年来这种状况也有所改变，科幻片也开始注重对人物性格的塑造，对人物内心的冲突和矛盾以及生活中的苦恼和困境的描述开始加大力度，这样，科幻片的人物形象和性格也日渐多维和丰满起来。服装在材质、造型样式上都增加了对视觉的冲击力。对于魔幻片来讲，人物造型的创作空间就更为宽阔，加之借助于三维技术创造的魔幻世界，更为角色的想象和创造提供了开智的灵感，人物的亦真亦幻，使魔幻片的特色更加显著。

在舞台上对表现此类题材的造型笔者也做过尝试，在中央电视1999年主办的"五一"晚会中，歌手费翔在一种模拟的未来太空气氛中翩翩而至，瞬间由一个太空人幻化成地球人，在当时也达到了期望的演出效果。令人没有想到的是，国人在演出艺术中的太空幻想竟于几年后便成为现实（图31）。中央电视台青少部2002年春节晚会《回家》中"年"的形象，也是采用魔幻手法的独特的创意。民间对"年"的描述有许多，但任何形象只要一有定式便失去其神秘感。笔者为动画城设计的"年"用多维的角度呈现了一只前后左右形象不同、结构不同、色彩不同、表情不同、变化无常的多面魔幻怪物。它是一个爱作怪脸喜怒无常的顽童，它又是一只满面威猛的怪兽；它是一个缩头藏脑的小可怜，它还是一个会变身的魔法师（图32、图33）。

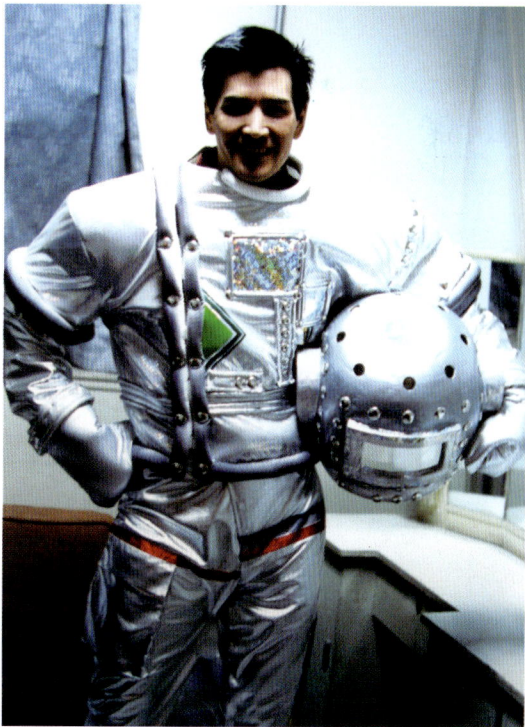

图31

图32

图33

第三节 ///// 服装设计样式的种类

服装设计的表现形式是多种多样的，在实际工作中，一台戏剧或一部电影可能会用到多种形式特点去表现，得心应手地运用丰富多彩的表现形式，常常会使作品本身的艺术价值和实用价值发生变化。在创作过程中，设计师掌握的知识越多，创作思路就越开阔，表现手法就越多样，作品的内容也就越丰满。

一、佩戴式

佩戴式包括两个方面：第一是出于功能的需要，为达到保护、遮掩身体之目的，将天然或人造的皮毛、树叶、纤维织物佩戴在身体的某个部位，这种类型多见于服装发展的初始阶段即原始社会时期或现代较为封闭的原始民族和部落的服装形态；第二是指服装饰物的使用方式（图34）。

二、披挂式

这是一种经常被采用的方式。所谓披，顾名思义，显然是有别于穿和戴。披，能增加体积感、悬垂感和飘逸感，使形象具有随意自由的体态。在我国古

图34

代有"穿襦裙，披长帛"之说法，其中的"长帛"就属于披挂之类的服饰。以身体的头部或肩部作为支点，将形状颜色不同、材质大小不等和功能各异的织物披覆在头上和身体上的装束。最有代表性的有头纱、披肩、披风、斗篷等。这种方式既有很好的实用性又有很强的装饰性，在许多国家和地区都作为民族服装和流行趋势的重要元素。挂，可以用两种方式理解，一种是运用某种技法使服装具有挂的效果，另一种则是纯粹的勾挂、悬挂、搭挂等。这种形式的作品除了具有飘洒、随意感之外，还能使作品增加厚重感和体积感，具有浮雕和软雕的特色。

　　披挂也包括一些与设计有关的装饰品，如腰饰、项链、臂饰、腕饰等，它们能使作品内容更加丰富，或弥补服装某处之不足。然而，运用不当也能产生繁杂、啰唆、零碎的反效果（图35）。

三、缠裹式

　　用很长的不同形状的织物或材料把身体的某部分缠裹起来的形态。这种方法在许多民族服饰中都能见到。如印度妇女的沙丽、印度男子用的多蒂、佛教喇嘛用的袈裟、非洲土著人的托贝等。

　　缠裹的方式使作品洋溢着随意自如、变化莫测的情调，尤其是缠裹以后出现的衣褶自然流畅，毫无机器制作的呆板。局部的缠裹，加之上下前后的呼应，再与其他手法巧妙地结合使用，就是对于设计师本人来看，也会每次都不失新鲜感，因为每次缠裹的效果都会多少有所不同（图36）。

四、扎系式

　　用天然或人造的线、绳、带子类的材料扎系于身体的某部，如腰部、颈部、腿部、手腕、脚腕部等。用这种方法能产生明显的人为和手工的效果，使作品体现出人的情感。如松散的扎系能意味着随意自如和漫不经心；紧迫的扎系会体现出紧张、严谨与束缚。

图35

图36

图37

图38

如果是用服装的装饰物扎系则会有更为动人的效果：蝴蝶结、如意结、装饰花、彩带、彩绸等，会把服装的领袖、衣襟、衣摆等部位装点得千姿百态。许多设计师的创作灵感也来源于此（图37）。

五、连接式

相同面料相同色彩的连接能产生整体感，利用和强化连接线可以丰富作品内容，突出形式之美、趣味之美、韵律之美；不同颜色或不同面料的连接，可以形成材料肌理的对比、材料颜色的对比，对面料和色彩的重新排列组合会出现多种多样的视觉感受。此外，穿插和留空的连接能产生几何形或异形的透空，使作品具有别致的工艺效果（图38）。

六、重叠式

重叠式是由一种或多种面料及装饰材料用重叠的手法处理的服装。有趣的是由于材料不同，产生的效果也截然不同。硬、厚的面料重叠能产生雕塑感、力量感、厚重感，利用这种方法可以增大体积、改变体型形态。而丰满、拙朴或华丽的倾向，其层次感与装饰感又为欣赏者提供了丰富的内容；软、薄、透的材料进行重叠则具有飘逸、轻柔、朦胧、虚幻的情调，如软纱、丝、绸等面料的重叠；还有薄而挺的面料有着极强的可塑性，如芭蕾舞《天鹅湖》中的天鹅裙以及一些仿生类（鸟、飞虫羽翼等）的造型都常用重叠的手法。这种手法的运用使服装产生的节奏和韵律，要远比仅用一般的造型线夸张和显著得多。表现重叠

图39

图40

除了材料的运用外，还可以延展到色彩、图案、结构重复等多样手段。欧洲18世纪盛行的洛可可风格的服装便是代表（图39）。

七、垂曳式

没有分切、从上到下为一体的通体服装，因为衣体较长会有垂拖和整一的感觉。这类服装从古埃及、古罗马、中世纪到现代都常常被使用（图40）。

八、镂空

镂空雕塑的实际意义之一是在于减轻作品的重量便于搬运；审美意义则在于能在平面上增加层次感和体积感，实处与空处所产生的不同光感、不同颜色、

不同质感的对比大大丰富了作品的内涵。服装借鉴了"镂空"这一工艺手法实际上是更注重了它的审美意义，运用这一方法将会产生许多意想不到的趣味性，同时还能体现工艺美，而体现的部位恰恰是那镂空处（图41）。

九、镶嵌、镶拼

有小面积（局部）和大面积（整体）两种类型的镶嵌。其目的在于使作品产生所追求的图案、光感、色彩、趣味及意境，在于使作品更精致、精美。镶嵌的材料种类很多，各种天然或合成的宝石、珠类、金属类、花草骨木等都可作为镶嵌的材料。镶拼：不求统一但求变化是其主要目的。可以是不同颜色、不同

图41

图42

面料、不同质量、不同肌理、不同图案等各种样式的镶拼。镶拼的关键在于选材和搭配，通过重组来达到追求的目的（图42）。

十、包裹式

其特点为前面破开，左右衣襟相搭，半身衣将上身至臀部包裹住，长身衣会将下肢和腿部全都包起来用扣子或带子固定。这类着装形态在中国、日本、朝鲜、波斯、蒙古、土耳其以及许多中亚地区国家都有使用（图43）。

十一、绘画式

服装上的绘画完全是设计师为达到个人的构想而用的，在专业上以采用手绘的方法为多。绘画的风格可以是写实、写意、抽象、超写实等各种流派和形式，除绘画颜料不同以外，其他方法和技术都接近于绘画艺术。服装上的绘画是作品风格的直接体现，尤其能表露设计者的追求与个性，因此常为人们所用。舞蹈《听泉》的服装就是以手绘和渲染的手法呈现的，那近乎中国画写意山水的处理、那令人看到甚至感受到的大自然的气息，那现代舞的独特舞蹈语汇，把人与自然、自然与舞蹈、舞蹈与人用大写意的手笔紧密地融合在一起，让人对"天人合一"的理念产生特别的感悟（图44）。

图43

图44

图45

十二、塑型式

此种方法与雕塑极为接近，实际上，服装也早就有"活动的雕塑"之称。塑型类的服装由于造型、面积和体积都得以夸大和改变，在演出中使形象的视觉效果明显增强，因此是改变常规服装理念、塑造特别形象的极好工具。塑型的题材很广泛，可用于仿生类造型，模拟各种自然存在和社会存在；可以用于怪诞、灵异题材的另类形象塑造。塑型既可以用于整体也可以用于局部，如肩、腰、臀、胸、臂、腿等部位。其材料可以有各种针织物、纺织物，各种金属、塑料、麻、纸、绳等多种选择。在采用这种手法时，尽管以艺术造型为首要目的，但仍要顾及到其适用的功能，因为人总是要以运动的方式去展示它（图

45）。巴黎歌剧院演出的歌剧《西游记》中的小龙女，采用的是体内塑型的手法，夸张了身体的体积感与笨拙感，从而产成了具有"卡通"特征的幽默与喜剧的因素，并破天荒地打破了在人们意念中给予"美丽的小龙女"的传统定义（图46）。

十三、体形式

按人体结构、行动方式分别结构的类型。分上下两部分，既便于穿着也便于行动，是从古至今人类自觉选择和延续的穿着方式，因为这种结构方式也最符合人体工程学的基本理论，所以现今世界大多数国家的大多数人们都以这种着装形态为首选的应用。

艺术是一项常做常新的事业，服装艺术也是如此，但它与其他艺术形式最大的不同就是永远也脱离不开"人"这个载体，让人能穿着是各类风格和样式的服饰之共性。随着人类社会的发展与变化，各类风格和样式的服饰会越来越多，其审美追求和审美趣味也会被观众理解、认可和接受。

图46

第四节 ///// 服装设计程序

对于戏剧、影视等有剧本的艺术形式而言，其设计程序有许多近似。但对于舞蹈、演唱、演奏、杂技、主持人等无须剧本的形象设计，其程序相比之下则会简单些。下面将针对较为复杂的以剧本为创作第一依据的演出形式如戏剧、影视、歌舞剧、音乐剧等进行探讨，设计的工作程序可见如下叙述。

一、阅读剧本

阅读剧本是设计工作的第一步。一般地讲，所有创作人员都要按照剧本所给予的条件、提供的信息、规定的空间进行创作。通过阅读剧本能使我们了解作品的形式（影视、话剧、歌剧、舞剧、音乐剧、戏曲

等）、主题（了解作者的创作立意）、类型（正剧、悲剧、喜剧、悲喜剧）、题材（历史剧、现代剧、童话剧、儿童剧、人偶剧等）、容量（多场多幕剧、独幕剧）；阅读剧本将是对作品的文学风格、戏剧情节、时代地域、人物造型工作量进行初步浏览和了解；阅读剧本可以对剧中人物关系、人物的外形特征和性格特点有初步印象并会产生对总体风格和人物造型的初步认识。

在剧本中，作者会直接或间接地提供与人物造型有关的信息。如郭沫若先生在其五幕历史剧《虎符》中的第一幕里有这样的描述："信陵君邸之庭院，后右为园中之别馆，乃其母魏太妃居室，仅限于左侧一半。建筑布置与日本式相仿佛，室之右面垂幔，绛色，绣有龙蛇，其后仍有内室。……"这种描写勾勒

出舞台环境的大概轮廓，也就不由得我们不对出现在这个环境中的人物产生联想，这是由间接方式得到的资料。还是在这个剧本的第五幕中，郭先生写道："……如姬（角色）头上蒙一黑纱，手挽侯女（角色）。侯女已改扮贫家装束，头上亦结一蓝巾，两手各执一竹梆，背负行囊，时时掩泣。……"这种对人物外形、手持道具、人物处境以及人物心理状态的提示，是一定要作上重点标记的。

认真阅读剧本，注意收集剧本中与人物的身份、地位、性格、爱好、秉性、外形特征等有关的资料，将会获得许多启示与帮助。另外有一种说法听来似乎有些唯心："在创作时，'第一感觉'很重要。"第一感觉常常会是一种全新的、模糊的人物形象在我们身边若隐若现，有时甚至会一闪而过，但不要忘记去捕捉它们、留住它们。因为这种朦胧的形象常常可以诱发我们创作灵感的来临。当然这并不排除在以后的工作中常常会把这些直觉感受弄得面目全非，但认真审视一下，有时成功之作的设计精髓恰恰是第一次接触剧本后的"第一感觉"所包容的。但这并不是主张不去深入生活，收集素材的闭门造车和唯心主义的创作方式。其实"第一感觉"的产生何尝不是设计师创作功力、知识积累、工作经验、艺术天赋集结后的瞬间爆发呢？

阅读剧本后可以将剧中人物按场次进行排序与分类。对主要角色、非主要角色、群众角色的分配和数量以及服装的设计工作量做到心中有数。尤其是对主要角色的性格特征和形象特征有自己初步的认识和理解，以便在下一步的导演阐述时清晰和丰富自己的设想，甚至把自己理解的独到之处和能够帮助演员更好地塑造角色的想法与导演交流。

二、听导演阐述

导演在一部作品中是核心人物，是总指挥，于是在现实的表演类艺术中，始终信奉着"以导演为中心"的说法和做法。

对于导演来说，进行剧本阐述如同指挥员在分析战略形势和部署战术方案。导演此时要宣布整体构思、艺术追求、作品风格和表现特色等一系列构想。导演会对剧本进行分析，如对作品的时代背景、史实依据、演绎过程的分析；对作品的主题立意、戏剧情节、故事概况的分析；还有对作品中主要人物的性格特点、生活经历、人物关系的分析等。导演在阐述过程中要对演员、美术、灯光、服装、化妆、音效、道具、特技等各个部门都提出要求，并且一定会强调各个部门要在总体艺术风格的统一指导下进行工作。这种做法往往能够规范各部门沿着导演总体构思的框架工作。当然，这里也并不排除鉴于导演的艺术造诣、风格、流派、追求、手法的诸多不同而采取的截然有别于一般规律的导演方法，比如有的导演会在阐述之前就让主创人员进入工作，他要让各部门的设计自己去认识、理解剧本，并拿出设计方案，然后让设计师们先谈各自的设计思想并展开讨论，在这个过程中，他让各部门之间有了沟通和了解，通过全方位的视角让主创人员对作品主题、结构、风格、形式、内容有全新的理解和认识，这时，他会将自己那已渐成熟的导演构思贯彻进来，将各家之长编制在导演统一的艺术构架、艺术追求、艺术风格中。这种方式不仅营造出各部门的默契、协调、合作、愉快的创作氛围，并且在舞台效果和演出效果上收获颇丰。

三、取得创作资料

生活是艺术创作的源泉，艺术是生活的提炼与升华，取得可信的第一手资料是艺术创作成功的保证。取得资料的方法按照作品的题材不同大致分为两种：一种是直接资料，即按照创作需要进行社会调查、生活考察、采访、采风，直接参与生活，体验生活，得到亲身感受，取得第一手资料，这种方法适合于现代题材的作品；第二种是间接的方法，可通过报纸、杂志、文字记载、图片、照片、历史画、出土文物、同时代的影视片或者人物口头采访等各种渠道去收集，越多越好。总之，要尽可能多地掌握那个时代各种人物的服装形象资料。这些查阅、观看、考证资料，一般是在图书馆、资料馆、博物馆、影像馆、美术馆以及利用网络信息进行。这种方法适用于各类作品的创作。

取得可信的第一手资料对于设计的顺利展开和成功至关重要，艺术家在进行这项工作时一定要有严肃认真的态度，要有对社会负责、对观众负责、对自己负责的责任感和使命感。经常能看到有些不负责、不严肃、不作历史考证而随意拼凑的戏剧或影视在社会上流行，其中以电视片的影响最为广泛，负面效应也最大。我们说如果作品的风格和手法是非现实的，则另当别论；倘若是写实风格的作品，那就应该在尊重生活现实、尊重历史事实、尊重科学、尊重社会的基础上再进行艺术处理。鉴于文艺工作的传播力、影响力很特殊，所以不能将不准确甚至是错误的资料和信息不负责任地抛向社会。

四、艺术构思

通常，当阅读过剧本，听过导演阐述并取得大量直接或间接的创作资料以后，便将进入艺术构思阶段。当然也不乏某些例外，构思会随着体验生活或收集资料的过程而逐渐成形。艺术构思是创作的中心环节，是设计师对生活素材进行提炼、改造、加工、制作、升华的精神劳动过程。各种艺术都有其创作规律，人物造型属于形象思维活动，这种活动有自己的特点，其最基本的两个特征是：首先，思维活动始终结合着活生生的具体形象；其次，形象思维离不开想象。这个阶段也可能会出现"想入非非""异想天开""离奇幻想""奇思妙想"等各种想法，但是有一个重要的问题一定要想到，那便是设计风格要明确，并且要统一在作品的整体风格中，这样才不会落

入"胡思乱想"的泥潭。

通常艺术构思阶段考虑的内容有下面几种：

1.明确创作风格。在前面我们已经讲到过设计风格的概念，通常一件作品会有一个主体风格，同时还会用到其他艺术风格或艺术形式用以丰富作品的内容。如现实主义的作品中会加入幻视、幻觉、幻听等意识流的手法，使舞台上出现了新的空间，这个空间环境中的人物可能就要采取非写实的处理。这类做法不会影响主体风格介入，只能使作品的视觉形象更好看、更多样。

2.确立服装形式。在这里服装形式还将包括服装的形态、样式。

服装形式在各种表演艺术形式中都存在，只是存在的状态不同而已。通常有两种状态：散杂游离状态与统一稳定状态。在写实类的作品中似乎是看不到有所谓服装形式的存在，它们因人而异、种类繁多，颜色、款型无定式，似乎是无形式感所体现出的任何特点，但这些恰恰是它们呈现的形式即散杂游离状态，也就是无定式、多变化状态。影视、话剧等多属于这种形式，即使是这种状态也仍然存在着形式的追求和表现方式。如江浙一带女性以秀美著称，丝绸之乡的特别优势，会使她们在着装样式、材质以及着装方式和状态上都很有特点，尤其是略微宽松的丝绸服装所形成的动感垂线在整体上既规则又有韵律，具有很好的装饰性；在我国东北地区的冬天，由于天气寒冷，人们穿戴得比较厚，也比较臃肿，这种形态便带有饱满、厚重的体积感，将这种特征有分寸地加以强化，不失为一种独具雕塑美的形式。如能从专业的角度认真研究许多看似平常的事物，并从中发现其存在的精神实质，有选择、有规模地利用，即使是现实风格的作品也会有来自于生活的、无处不在的形式美感。统一稳定的形式在舞蹈、舞剧、非写实风格的各类作品中都常能见到。如华美瑰丽的形式、梦幻迷离的色

彩、飘逸轻柔的体态、怪异多变的结构、抽象费解的图案、晶莹炫目的光感、诙谐幽默的搭配……这些都可以作为确立服装形式的方法与手段。

3．规划色彩基调。对于一个独立的、能以个体方式呈现的、不需要主题环境衬托的人物造型如舞蹈、曲艺、演唱、演奏、主持人等使用的服装，其色彩基调由设计师与演员沟通后即可确定；对戏剧、影视之类的作品，服装色彩基调在确立之前一定要了解舞台美术、影视美术设计的总体基调，并进行沟通，相互谐调、达到一致。服装色彩基调的规划要着眼如下几个方面：

(1)规划全剧的色彩基调。戏剧、影视服装根据不同的内容、形式和风格会面临多种色彩基调的选择。怀旧复古基调适用于史诗剧、历史剧；拙朴浑厚的基调适用于战争戏、农村戏；清新明快的基调适用于现代戏、儿童戏；光怪陆离的基调对神话戏、魔幻戏较为合适。

(2)规划色彩明暗的分配。服装色彩的明暗在实际应用中，一是由面料色彩的明暗度决定，再是由光的强弱决定。服装色彩的明暗要根据戏剧情节、戏剧节奏、舞台需要和人物的需要来确定，色彩的明暗要能与它们有较好的配合，必将会使作品产生有起伏、有律动、有视觉变化的好看的画面和好看的舞台以及好看的戏。

(3)规划演员服装的色彩分配。演员服装的色彩首先要看角色的需要，要达到与人物的身份、年龄、职业、性格相吻合。同时，还要与同台出现、同画面出现的人物在服装上的色彩关系（如同类色、对比色）有对话，有联系，与环境色彩有关系。要将服装色彩看成一幅绘画中重要的流动的色彩元素，始终与舞台保有整一的、密不可分的联系。

4.构想服装表现手段

服装构思过程还包括服装的表现手段，因为它将体现设计师作品的风格。为人熟知的清代著名书画家、文学家，扬州八怪之一郑板桥擅长的诗、书、画，被人们称为"三绝"。由于知识广博、修养高深、技法精到，他能把多种艺术经验和手段结合起来融为一体。他的书法吸收了画兰、竹的方法，他画兰、竹又渗入了书法的经验。清代有位诗人曾赞美道："板桥作字如写兰，波磔奇古形翩翩。板桥写兰如作字，秀叶疏花见姿致。"我国著名古典文学大师曹雪芹不仅擅长写作，而且对诗词歌赋都有很深造诣，并且懂得绘画、音乐、史学、医学、佛学、建筑、烹调、服饰等多方面知识，他的巨著《红楼梦》堪称描写封建社会的百科全书，为全世界所瞩目。

艺术手段是经过学习、探索、体验、时间、总结而得到的，在造型艺术中，多种手段和手法的合理分配及运用能使作品产生丰富的艺术效果。设计师的工作不仅是画出效果图在那里纸上谈兵，更应该清楚如何将它们制作出来。艺术手段在构思中萌发，在创作中完善，在制作中体现。

设计师所采用的各种艺术手段都是帮助演员更好地塑造形象，不能因为造型手段和方法的不当而破坏整体或给演员增加负担而影响表演，尤其是在以肢体动作为表现语言的舞蹈艺术中，对这一点的要求更为突出。有人将表演艺术叫做"分寸艺术"，这种说法同样适用于造型艺术。在实践中我们能体会到，服装造型常常处于增加一笔则繁、减少一笔则欠的状况，所以，认真审慎地处理每一环节、每一细节，都能为争取作品的成功添加一分砝码。

五、了解演员

在创作工作的前期尽快了解演员的情况是很必要的，熟悉演员的气质、年龄、身高、体型、肤色等个人形象基本条件，找到与自己设计的人物之间的相似点和不同点，明确在演员身上需要展示的是什么，需要弥补和掩饰的又是什么。通过与演员的接触，了解他们的形体习惯态势和习惯动作，以及面部特征和习惯表情等，甚至是了解他们对服饰的审美态度，并且和他们一起分析角色，分析剧情。在可能的情形下，为他们创造从外形到内心能尽快接近角色的契机。

熟悉演员就是有针对性地去让设计的形象与演员接近。

六、画效果图

设计效果图的主要功能有两个：第一是它的艺术功能，即为主创人员、演员提供完整的人物形象。主创人员可以根据设计图来审视全剧的风格、形式是否统一和谐，人物造型的设计合适与否，尽管这个阶段还仅仅是纸上谈兵，但它却同布景设计效果图一起，为人们提供了纵观全剧风格、人物、舞台银屏画面的色彩、色调、舞台气氛的具体形象。好的设计效果图甚至可以丰满、升华人物的创作，启发导演和演员的创作灵感和创作形式的选择。舞剧《五台山音画》中为群舞"采香菇"设计的服装造型，其稚拙、淳朴、幽默又极富乡土气息的设计图表现，让编舞在风趣、诙谐的舞蹈语汇确立之前首先看到了平面展示，从而下定了决心。第二是效果图的技术实用功能。效果图还要描绘出人物的全身形象、体态或动态，要描绘出人物在戏中所需要的服装、鞋帽、配饰等与外形包装有关的全部物件的形象，并附上色标、料样，这些是采购面料时的参考依据，对于技术制作部门来讲，效果图又是制作工程的形态、气氛、结构、样式的参考图。

人物造型设计如果是由一人完成时，设计图可以从身上穿的服装到面部化妆特征以及发型用一张图纸完成，如若为了制作的方便也可以服、化两张图分开。目前，我国大多数专业团体的服装与化妆设计还是按工作性质的不同而分设为两个部门，但多数服装设计师还是习惯于完整地描绘人物。

设计效果图是以点、线、面、色彩为基础要素，用画笔、画刀等工具，用墨、颜料等物质材料在纸、板、纤维等介质上通过构思、构图、造型、设色等绘画手法创造的平面形象。在这里虽然采用的是绘画手段，但是效果图又不完全等同于绘画。纯绘画是画家个人思想的表达、观念的表达、情绪的表达、情感的表达，它一般是以形象的一种超常感染力和震撼力来表达对观赏者心灵的打动，并让观者在欣赏中产生与作品的情感并引发共鸣。画家们由于创作风格艺术追求各不相同，对于描绘的主体各有侧重，又往往以刻画人物的内心世界、精神面貌、追求画面的色彩效应为重点。绘画的手法可以是抒情、写实、写意、变形、抽象的等等，方法不限，风格和个性的体现尽可随意，并且绘画的画面效果就是整个作品的全部完成。

还有一种艺术形式既可归属于绘画，又带有服装设计效果图的某些特征，那就是时装画。好的时装画具有很高的审美价值，它既可以像纯绘画一样自由地表达个人的一切创意，又能够供人欣赏、装点环境，还可以作为设计师对于某类服装概念的抽象化、写意化处理，以及对于服装形象色彩、绘画风格的研究与尝试。笔者在上世纪90年代中期创造的一批以"人与自然"为主题的绘画，在法国办个人画展时反响强烈，曾被舆论媒体请到的专业人士评价为"东方现代服饰绘画"（图47、图48），展览作品被许多爱好者收藏。

对于服装设计效果图来讲，虽然它也有许多种绘画方式，视觉效果也很美，但绘画理念是不同的，它的功能性还是要放在首位。首先效果图的表现对象是服饰，人物造型应该是角色着装以后最佳的穿着效果和最能反映人物性格的形态与神态。效果图除让人观赏以外还应该重视它的工程性，也就是说，每一个线条、每一块颜色都是一个具体的说明，应该准确、完整、明了，所以对于结构线、装饰线、色彩、图案、配件等都不能忽视（图49、图50、图51）。

图47

图49

图48

图50

图51

在绘制方法上由于设计师的绘画水平不同，绘画方法、追求的效果不同，产生的画面效果也因人而异。但还是以与作品气韵、格调、氛围、人物的性情、气质、品行相一致为好；能让导演、演员看懂，让制作师看懂为前提，要将所有的表现手法建立在"实用"的基础之上。效果图的绘制只是整个创作过程中的一个重要环节，而只有经过以后的复杂制作生产过程之后设计师的工作才算完成。

绘制效果图的工具和材料可根据个人的习惯和偏好，想达到的画面效果灵活选择。绘画工具可选择各种色笔、粉笔、毛笔、画刀、油画棒、水粉笔、水彩笔、油画笔等；材料可用绘图纸、宣纸、水粉纸、水彩纸、油画纸、布、丝、绢、麻等；绘画颜色有墨、水彩色、水粉色、广告司、丙烯色、油画色等。

七、审查定稿

这是案头设计过程的最后一项程序，也是对设计师工作的检阅、审查和裁定。通常它是通过在主创人员（编剧、导演、舞美、设计）参加的"圆桌会议"上进行，同时还有场景、灯光、化妆、道具设计的审定。其程序是：由设计师首先阐述个人的设计意图、创作构思和展示效果图，然后开始由导演以及全体到会人员进行一系列内容的审定。其内容主要有：主体创意有无新意、设计风格与总体风格是否统一、设计样式是否适合、人物造型有无创新、人物与场景、化妆、大道具的组合是否合适、合理、协调等。通过以后的设计图要由导演和设计共同签字，通过以后的设计方案一般不再进行大的改动，但在制作过程中很可能会出现一些变化和调整，设计师也可能会有更好的想法出现，这时一定要及时与导演和有关部门沟通。效果图定稿以后，设计师要绘制出与之相应的服装制作图，然后提交有关部门进行制作。

八、制定预算

在专业演出团体中，服装预算一般是由设计师与制作师共同制定的。预算的项目包括：服装面料、辅料、装饰材料、染料、颜料、服装制作费、面料染色费、手工工艺费、鞋帽制作费、交通费等。预算提交有关部门审批后递交财务部门。

可行性预算对于后期制作有制约和指导作用，也是投资方所要备案的资料。

[复习参考题]

◎ 什么是服装的设计风格？
◎ 常用的服装设计风格种类有哪些？
◎ 掌握服装设计样式的灵活运用与组合应用有何意义？
◎ 服装设计程序中的几个重要环节是什么？

第四章 服装设计与演出艺术各部门

一 本章重点 》

在演出这项综合艺术中，对服装设计与导演、演员、舞台场景、灯光、化妆、道具等多个部门的工作关系、合作关系、轻重关系、依存关系等进行了实例分析，强调尊重、互补、协作与共进。

一 学习目标 》

身临其境地感受这一职业所带来的迷注、愉悦、刺激、成功、体验工作内容、氛围、程序、状态以及失败的教训，为以后的工作选择与实践奠定心里认知。

一 建议学时 》

4课时。

第四章　服装设计与演出艺术各部门

第一节 //// 服装设计与导演如何合作

　　服装设计与导演在工作上是平等的合作关系。演出艺术是由许多部门和专业组合的综合艺术，每一部门都有自己的专业特点，都是综合艺术中不可缺少的组成部分。导演，在每一项演出作品当中是领军人物与核心人物。以导演为主确立的作品艺术风格、表演风格、演出样式等需要由演员的表演、各部门的设计与技术共同体现，体现得如何将直接判定作品的成败。对于合作者们来讲，只有分工不同没有高低之分。优秀的导演会认真地对待每一件大小作品，尊重演出艺术为自己提供的大展才华的空间，尊重创作集体中的每个人。优秀的导演更知道怎样与各路人士合作，用最好的方法让大家理解自己的创意，尽快参与进来，并最大可能地调动主创人员的创作情绪，利用更多人的才智去修正、丰满、完善、升华创意的初衷。

　　服装设计师在演出创作活动中不是导演的工具，而是具有独立艺术思想和艺术主张，具备特定专业能力的创作人员。除了在认真理解导演所确立的总体创作风格的前提下完成设计之外，更重要的是以本专业的特殊视角，尽可能地去开发、拓展创作空间，提出自己的独到见解，让人物的形象特征更具典型性，更具创造性，更适合演员的表现。这些都要及时与导演沟通，取得认可。积极参与是设计师的职能。

　　舞剧《我们在太行山上》有一段反映山西太行山区劳动妇女民俗生活的舞蹈。在考察了有关的地理民俗资料后，发现有一种装束很有特点：早年间在山区，妇女在冬天会用动物的皮毛做成皮筒揣在手上御寒，俗称"皮暖袖"。戴上"皮暖袖"，两手在怀前一抱倒是暖和多了，但用于舞蹈双手被束缚，许多动作将会受到限制，但也恰恰是这种对于身体局部的限制，形成了一种独特的身体形态和形体姿态，这也正是独特的舞蹈语汇产生的机缘。笔者将自己的设计和想法与本剧总编导杨威女士及时进行了沟通，她给予了极大的肯定，并将这一创意用舞蹈艺术语言进行提炼，于是在舞剧中便产生了一组拙朴、幽默、好看的"暖袖舞"（图52）。这段舞蹈的出现，不仅形式好看，其快乐、幽默的情调也对全剧凝重、悲壮的大气氛进行了适度的调节，使作品的世俗特征更为明显，情绪内容更为丰富。

图52

第二节 ///// 服装设计与演员的合作

在任何一种表演艺术中，演员都是演出活动的核心。观众能在剧场里，在电影或电视中感受到导演、设计、制作人所创作的艺术风格、表演环境、人物外形、音乐效果等，但与观众用思想、情感以及各种不同形式的艺术语言直接交流的只有演员。

一、人物造型与演员共同完成同一使命

在表演艺术中，认为造型的目的是帮助演员塑造外部形象，使其最大限度地符合角色。藏拙扬长，是塑造形象通用之法则，目的是与演员共同创作可信的剧中人物。不可否认，一个演员在一部作品中成功扮演一个角色，与其表演功力、表演技巧、表演手段、表演经验有直接关系，这些来自于演员的自身条件和艺术修养及艺术实践。一个优秀的演员最懂得如何征服观众。

当我们看过一部好戏后，常会在头脑中留有深刻的印象，然而，无论是生动的戏剧情节还是深刻的思想含义，浮现在我们眼前的却总是离不开人物形象，所以人物的塑造是作品成功的关键。著名戏剧艺术大师梅兰芳先生扮演的全部是女性角色，如果没有服装与化妆的帮助，很难想象人们将用什么办法去接受他所扮演的角色。在戏剧艺术和影视艺术中也经常会碰到由青年演员去扮演中、老年角色，中、老年演员扮演青、少年角色之类的问题，如果没有人物造型的帮助，很难想象大多数演员能否建立起足够的自信心进入剧情、走进角色。如果是一位颇有造诣的表演艺术家，也许他会很快适应角色，但是观众能否认可则要另当别论。当遇到这种情况时，人物造型就是帮助演员通向创作成功之路的一座桥梁。

18世纪法国百科全书派大师狄德罗在《关于演员的是非谈》一书中讲到一件事：在当时法国戏剧界名演员中，他最仰慕著名的正统派女演员克莱隆的表演。当狄德罗第一次在舞台下看到生活中的女演员时，这位戏剧理论家竟然十分诧异，他没有想到在舞台上身材标致秀丽的明星原来却是一个纤小的女人。在这里，出色的演技当然要来自于演员的天赋与努力，但在舞台上下外形的差异变化却不得不归功于那人物造型的技法与手段。著名京剧表演艺术家裘盛戎先生是"净"行的大师，先天上有着类似于那位法国女演员克莱隆的弱点，他身材矮小、面庞消瘦，与"净"角所需要的"高大魁梧、彪悍强壮"的形体特征正好相反。然而裘先生从自身条件出发，在长期的艺术实践中探索创造了一套适合自己的表演方法和造型手段。在化妆和服饰上他为自己作了精心设计：它穿特制的厚底靴以增加身高；化妆时腮部涂以相对亮的颜色，增强面部的丰满感觉；将白色护领改成棕色护领，以免透出髯口反露出白色，把面部对比得更瘦……这些造型方法与手段有效地弥补了外形的缺陷，加之他那种韵味淳厚、节奏鲜明、情感丰富、极具感染力的唱腔和表演以及他为自己设计的形体动作，使他塑造的戏曲人物个个栩栩如生、气势磅礴，令人难以忘怀。由此可见，演员的表演艺术和设计师的造型艺术完成的是同一使命——共同塑造艺术形象。

二、设计师要了解、熟悉演员

作为一名人物造型设计师，无一不想使自己的作品最有创意、最富活力、最适合演员，为此设计师对演员外形特征的认知是很有必要的。我们知道几乎每个人都有自己特有的形体容貌，这也是区别于人的特征，作为一名演员属于他本人的这些特点可能会很适合于扮演某一类型的角色。但演员们往往以能够尝试多种类型的角色为自己的向往与追求，这便出现了

演员"可塑性"的问题。对于"可塑性"可以从两个方面理解:一是指演员用自己的表演、形体、声音去创造多种类型、不同性格、不同年龄段人物的能力;二是指演员的面部形象、形体条件为设计师提供的创作空间的大小。演员们经常会自愿或不自愿地去扮演与以往角色的类型跳跃反差很大的新角色,对许多人这是求之不得的。哪一位艺术家不希望自己面前的艺术天地更宽阔呢?许多有想法、有胆量、有追求的演员往往在成功地塑造了某一类人物以后调头转向,去做全新类型的尝试。这些人当中既包括可塑性强的那类,也有外形有明显特征而不易改变的这部分人,这就需要设计师帮助他们塑造外形,确立自信。要做好这项工作,就要对演员有足够的认识和了解,即把握演员的形象特征、形体特征,把握他们的表演风格,把握他们以前出演过的角色,这之后设计的新形象才可能有别于演员本人,有别于以往的角色,才会有新意。

三、尊重演员、共同创新

尽管设计师对演员要有足够的了解,然而了解最为透彻的还是演员本人。

一台戏的设计工作中,设计师工作将涉及全剧所有人物,数目会有几个、十几个、几十个,在影视剧中有时会有上百个甚至几百个人物出现。设计师都要做到心中有数。而演员则只需考虑到自己所扮演的或与自己有关的人物。出于演员的职能,他们对人物的理解视角会更全方位,对人物内心世界的研究会更深入、更细腻,所以有的演员会向设计师提出一些对人物外形特征处理的想法和建议。如果这些建议不影响总体设计而有利于人物性格的刻画,设计师不必为维护自己在创造中的"权威性"而对合理可行的倡导于不理,但前提一定要保持作品整体创意的完整与统一。

有的演员鉴于自己审美方面的常识,在生活中会对个人的梳妆打扮有所追求,有时在现实题材的舞台戏或电视剧的拍摄中,她们经常希望将个人的倾向带入其中。也有为数不多的演员,无论怎样的作品风格而仅仅从自我出发,追求所谓的"流行""英俊"与"漂亮"。演员最大的成功是塑造鲜活的、有个性的人物,并让观众记住这个人物、喜欢这个人物。其实"英俊""漂亮"并不是达到这种目的之唯一标准,艺术圈中所叫的"漂亮姐儿"与"花瓶"几乎是相等的关系并不无贬义,一个资质不错的演员,如能破了"漂亮姐儿"的相,打碎"花瓶"而以全新的面目亮相,这本身就是一件很刺激的举动。读《红楼梦》让我们知道贾母身边有个使唤丫头叫鸳鸯,由于她长得漂亮,聪明伶俐,深得贾母欢心并为贾赦看中,执意迫她做小。但鸳鸯蔑视封建权贵,宁为玉碎,不为瓦全。而曹雪芹在描写她的肖像时没有按照"美则无一不美,恶则无一不恶"的方法去刻画人物,他在《鸳鸯女誓绝鸳鸯偶》一回中对鸳鸯外形的描写是这样的:"只见她穿着半新的藕色绫袄,青缎掐牙坎肩儿,下面水绿裙子,蜂腰削背。鸭蛋脸,乌油头发,高高的鼻子,两边腮上微微的几点雀斑。"雀斑通常会被人们认为是不美的,但用于鸳鸯这个人物身上,非但没有使人物失雅,反而使她的艺术形象更为真实、可信、可爱。我们在许多影片里也常会看到有不少大牌明星在有的作品里毫不掩饰甚至放大自己在身材和面部形象中的缺陷与瑕疵,这种处理非但丝毫没有破坏了他们的声誉,那独有的演技、体态与面貌反而更受观众喜爱。

与"漂亮"相对的便是"丑星"的现身,他们的特殊形象和高超演技同样为观众留下了深刻的印象,如雨果笔下的钟楼怪人伽西莫多;伏尼契塑造的牛氓;老舍刻画的"虎妞";张艺谋早期作品《红高粱》中的于占鳌等,他们的外表并不完美但性格却很典型,丰满的人物形象让人过目不忘,在许多艺术大师的作品中此类的人物举不胜举，这也许正是一些大作获得不朽艺术生命的奥妙之一。

设计师要珍惜自己面前这个独特的创造空间，用博爱之心去面对所要创作的所有形象；设计师还要有知难而进的胆识，勇敢地去走别人没有走过的路，闯别人没有涉猎的禁区。有这样一种说法，虽然有些极端却也不无道理：第一个将花儿比作笑脸的人是天才，第二个人再比较便是庸才，第三个人还这样比的话，那也只能是蠢材了。真正的艺术品是不可复制的，在复制的过程中没有新鲜营养的补充，艺术家的创作灵感会被消耗殆尽。切记，友好地与自己最好的搭档——演员合作，最大可能地从外形帮助他们建立起高度的自信和丰富的想象，去实现人物真实的自我感觉；和演员一起勇敢地去探索、尝试、创新，大家一定都能得到比成功更有意味的体验。

四、艺术大师谈塑造人物

老舍：把一个人写成天使一般，一点都看不出是由猴子变来的，便过于骗人了。

车尔尼雪夫斯基：把人身上的精华加起来绝不是典型，犹如酒精是酒里面最好的东西，是酒提炼出来的，但是酒一旦变成了酒精就不再是酒了，就是不可以喝的，我们看谁喝过酒精没有？

狄德罗：如果画一个美女，不要去画脸孔最完美最罕见的从人间找不到的蓝本形象……画家应该使我们看到她额上露出一点轻微的裂痕，鬓边出现一个小斑点，下唇现出一个小得看不清的伤口才好，这样会使这幅画马上从一种理想变成一幅画像了。眼角或鼻梁旁边如果有点天花疹的痕迹，这女人面貌就不是爱神维纳斯的面貌，这幅画就是我的邻居中一个女子的画像了。

黑格尔：戏剧人物必须显得浑身有生气，必须是心情和性格与动作和目的都互相协调的定型的整体。这里的关键并不在于特殊性格特征的广度，而在把一切都融贯成为一个整体的那种深入渗透到一切的个性，实际上这个整体就是个性本身，而这种个性就是所言所行的同一源泉，从这个源泉派生出每一句话，乃至思想、行为举止的每一个特征。把许多不同的特征和活动串在一起，尽管也形成一个排列成的整体，却不能显出一个有生气的人物性格。

第三节 //// 服装与场景的关系

在生活中，我们把大自然的存在如高山、大海、丛林、草原、沙漠、田野、城市、村庄、房屋、院落等叫做景象、景物或景；而在演出艺术上，这些又叫做场景或布景，顾名思义就是人为布置、设置的环境。其实，布景与景是两种概念，布景是表现景的一种手段。在舞台美术设计中，布景设计的作用举足轻重，甚至直到现在，尽管权威部门一再强调灯光、服装、化妆、道具等各部门的设计也统属于舞美设计，但有人仍然模糊而执拗地认为唯有布景设计可称为舞台美术设计。在这里笔者无意去规范人们对于舞美设计范畴的界定，仅前面所谈之现象，场景设计的重要作用就显而易见。在下面的论述中我们将使用舞台设计的称谓。

一、人物与环境

儿时的我，常常为大自然的魅力感召而胡思乱想：那黑黑的土地让我觉得嫩嫩的草芽儿正要破土，蓝蓝的天空中低飞的鸟儿像是专门为我歌唱，绿绿的"塔头草"丛中仿佛有鲜花在舞蹈；多彩的山林里似乎有野鹿在戏泉；到了冬天一片银色，更是让我"瞎想"无限……于是,我常常会找个理由说服妈妈,和几个爱玩的同学跑出去"轻松"一天。

"北大岭"是离家不远的一座不太高的山。时逢春、夏、秋,山花烂漫,加之山上橙红色的"风化"砂石的地貌结构,好看极了,常常会引诱着中小学生登山游玩。我换上那件钴蓝色宽条绒外衣,因为它质地比较厚实,可以防御"洋辣子"(一种有毒昆虫的俗称,被它刺中后皮肤会有强烈的辣痛感)的偷袭。和几个同学去了山上,自然玩得很开心,在漂亮的"风化砂"上坐一会儿,玩一会儿,再整理一会儿采集的山花儿,"看呀,你的蓝衣服变成了绿颜色!"一个朋友大声报告她的新发现。没错,湖绿色的,绿得那么美丽,绿得那么深远……

蓝颜色的衣服瞬间变成绿色,这件事像个谜一样缠绕着我好多年,后来我学了美术才终于找到了答案,我肯定地认为是那片橘红色的"风化砂"玩的把戏。从色彩学的角度来讲橘红色的补色为绿,而蓝色的补色为橙,橘红色与钴蓝色虽不是互补关系但是已经很接近了。当我与几个朋友坐在橘红色的沙石上玩耍了一阵后,由于长时间看到一种强烈刺激的暖色,视网膜已经很疲劳,这时突然把视线转移到一个冷色调的物体上,会造成由视觉错差引起的"色彩幻象",加之钴蓝色与绿色已经很接近了,我们将"蓝"看成"绿"也就不意外了。这种现象也叫做连贯性对比,当人长时间看一张大红纸之后,转移视线去看白墙,会觉得白墙上有同样大小的绿色;看过黄色,再看白色时会出现紫色……大片的风化砂石是一个景象,对人来说也是背景,穿着蓝衣的我是因为在这样一种特殊环境中,服装的颜色才起了变化。同样也是这件衣服,当绿色的山林为背景时却并没有变化。生活中是这样,舞台上更是如此,因为舞台上影视中出现的景物与人物要更典型,它们之间的关系会更密切。

二、戏剧人物与场景

早期,在以现实主义风格为表现手法的话剧、歌剧、舞剧等舞台艺术中,舞台设计要创造一个仿真实的环境为演出而用。随着时代的发展,艺术家们对舞台艺术提出新的要求:如似与非似的统一;神似与形似的结合;生活的真实与艺术的真实并举;有限空间与无限空间的运用;有的提倡借鉴民族传统戏曲的"虚拟性""假定性"艺术手法,注重景物在艺术上的"取""舍",让观众随着演员的表演所产生的艺术联想共同创造和丰富舞台环境;有的追求的不是剧情中场景地点的如实再现,而是剧本中所需要的某种情调、气氛和某种寓意,根据导演和剧作者的要求,必须让布景和灯光将观众带到剧中人物的精神世界中去,而不仅仅是满足于让观众看到剧中人物所处的物质社会世界;有人认为舞台布景不仅是美的东西,或是美的东西的集成,它还应该是一种风韵,一种情致,一种煽动戏剧情绪的狂风,它将鼓舞、振动观众产生共鸣和共振。它是一种期待,一种先兆,一种幻想,一种紧张,它不想对观众说明什么,但它会向观众呈现所要知道的一切;还有人说,好的舞台布景和人物结合在一起,不仅仅是一幅画面,它似乎是某个东西,但又不是某个东西,它将传达给人某些特别的感觉,使人某些潜在内心的特殊理念得到唤醒。

总而言之,这些都说明舞台艺术在不同时代、不同时期,艺术家都在做新的追求。但是无论怎样变化,形式如何多样,不管是写实的、象征的、写意的、虚拟的,舞台设计的宗旨是为了创造舞台上的物理空间,烘托与协助演员进行表演。因此人物造型与环境就有了密不可分的联系。

第一,在创作风格上服装设计与舞台设计要有一致的追求。如果是一部用现实主义手法创作的作品,布景是写实的,而人物造型的手法却极为夸张、抽象,或是整体采用非写实手法处理,这件作品在创作上起码是主创人员没有做到很好沟通。反之，在用浪漫主义的手法搞的写意性、装饰性极强的环境中出现完全写实的人物，自然也是不成功的。当然也有许多将现实主义与浪漫手法结合得较为完美的佳作，把写实与写意、具象与抽象、传统与现代、艺术与技术极为巧妙地融于一体，并运用隐喻、象征、表现、夸张等手法互为关照，互为补充，使作品具有强烈的艺术感染力。凡这类成功的作品，一定是舞美设计在主体追求上找到了共同点。话剧《古春》的舞台是以我国新石器时期仰韶文化的代表"半坡遗址"的原始部落环境为场景的设计。这是一个远隔六千多年的艺术时空再现。设计师王音为舞台设计的场景采用了象征性表现手法，通过舞台结构的反常规、色彩的高度凝练来加强对观众心理上、思想上的影响力，让人们通过舞台环境直接感受到演出的风格。调动观众的想象力来扩大舞台的表现力，有意识地利用舞台的假定性，使整个舞台样式给人的视觉感受是古朴、苍凉、空旷、亦真亦幻。同时转台、大坡倾斜的舞台角度、场景中的造型线、物体形状等又都符合现代人的审美心理。人物造型设计也遵守在这种拙朴、象征的表现手法，在色彩上用一种黄河文化的象征色彩"朦胧土色"基调，将全剧人物推向远古。根据部落不同先分为两大色块，即土黄色块和土灰色块，再按照人物的性格调整每个人装束的色彩与样式以寻求统一中的变化和人物的个性美。由于舞台上追求的是苍凉与宽阔，所以在人物服装的造型样式和手段上采用了包裹、缠绕、扎系、悬挂、重叠等多种方法达到那种稚拙、古朴和厚重感。人物的化妆采用了"脸谱式"妆面，这种处理来自于史料考察，相对明亮的面部色彩，又突现了演员的表演。人物造型的丰满填补了舞台环境的空旷，正好形成了整体舞台画面的均衡。这部戏的人物造型设计与舞台设计以及灯光设计等部门的合作收到了较好的舞台效果（图53）。

图53

第二，人物造型与舞台设计的表现手段要有呼应关系。舞台美术的表现手段是多样性的，一台布景可以用一种手段表现，也可以用多种手段完成，服装的造型手段也是如此。舞台侧重于环境的表现，服装则专门去塑造人物，就两者的专业性质来看，在表现手段上各有其独立性与特殊性，似乎不带有必然联系。但是如果我们将它当做一个完整的艺术作品来看，将每一个舞台画面都看做是一幅绘画，那画面中的所有内容，包括笔触、线条、色彩、形态、结构、形象等就有必然联系了。舞剧《三圣母》的舞台设计者是我国著名舞台美术家薛殿杰先生，在他的带领下舞美的主创人员为舞剧确立的整体追求是：用现代舞美的设计思想和表现手法去体现东方古典美的舞台形象，从而使舞台呈现出典雅、亲和、奇美、壮观、深邃等适合于多种场景、多种气氛的艺术效果。这是道教题材的神话故事，五岳之一的华山作为主体形象贯穿全剧；水墨绘画的手法使舞台景象古雅、朴素、壮丽；为了适应舞剧的表演形式，舞台的中景部分采用了软雕塑悬挂的手段，这样既丰富了舞台景观的层次，又为演员的舞蹈提供了充分的空间，悬挂部位流畅、飘逸的装饰物既洋溢着浓厚的浪漫情调又极具现代感（图54）。在人物造型的处理时，考虑到舞台环境的远、中、近景较为饱满以及舞蹈艺术的特点，我遵循的设计原则是：在简洁、流畅、飘逸中不失高雅情调；在提炼、夸张、变化中不失民族特色；在统一的舞美设计风格中进行最大幅度的创新。如为天兵天将的服装设计一反常用的盔甲式着装模式，采用粗布绳编系的镂空效果和特殊肌理效果产生厚重感与奇异感。轻便的装束既方便演员的各种动作，特别的材料质感，又不失武士之力量型的威武，身上的浮雕式的配件和饰物，既是民族与传统的符号特征，又同舞台上软雕塑式的悬挂布景在手法与手段上不经意地产生了恰当的呼应（图55）。

第三，服装设计和舞台设计、影视美术设计要有密切的合作关系。一个艺术形象的成功创造不是只靠某个人、某个部门就能做到的，它需要许多部门的合作和许多人的努力及配合。除了环境的衬托与辅助外，还少不了化妆、灯光、道具以及技术部门的帮助（图56）。与其他部门建立艺术合作，可以听到批评和建

图55

图56

议，可以开阔创意空间和创作思路，相互取长补短，丰富创作的内涵。尤其是许多前辈艺术家有着丰富的艺术实践经验和高深的艺术造诣，都是值得后人认真学习和借鉴的。为了共同的追求，真诚地希望舞美设计之间建立起良好的协作关系。

三、传统戏曲人物与场景

之所以谈论这一话题，是因为我国传统戏曲中的表演空间极为特殊，它与人物的关系也极为特殊。在

图54

最初的传统戏曲中，没有戏剧那样的布景，戏曲一般不用布景来表现景，但并非无景，戏曲艺术中的景有自己的表现方式，它不同于戏剧景的产生途径。戏剧表现景，主要依靠的是美术家的造型手段；戏曲表现景，主要依靠演员的表演。戏曲不是从布景中产生表演，而是在表演中派生布景。

戏曲的分场方法是戏曲舞台的基本形式。分场即上下场，这种舞台形式大概在宋、元时期的"勾栏棚"已经具备了。舞台设在平地，四面用栏杆相围，舞台设有上下场门，分别在舞台的左右两侧。分场的意义主要表现在对于舞台空间、时间的一种特殊处理，它的特点是舞台上一脱离演员的表演就没有固定的时间和空间的存在。台上如果没有演员，舞台上也就没有环境关系了。一桌二椅，在演员没上场之前，仅仅是一种设置，与剧情不发生关系，但演员上场后就不再是这样了，整个舞台具有剧情的特征。如京剧《长坂坡》中那把椅子，在剧中人糜夫人出场以前它不具有任何意义，当糜夫人在戏里指着它说"那厢有半壁颓垣，不免进内躲避……"时，她所指的那把椅子在角色和观众眼中就变成一面破墙；再随着剧情的发展，这把椅子又被当成一口井，随后赵云上场椅子又有了墙的功能；最后当演员全部下场后，特定的环境感和椅子的象征性也随之消失。在戏曲中像这样一景多用、一物多用的例证很多。还有一种情况，主要人物在舞台上不动，几个"龙套"围着绕行一圈，吹打一个曲牌，地点就不再是先前了，这是戏曲对空间的特别处理，对时间的处理也可以采用这种手法，这叫做戏曲的虚拟性与假定性，对于演员来讲就是虚拟动作，戏曲舞台上的万千景象都是通过虚拟性和虚拟动作表现的。在戏曲中，虚拟动作是作为一种重要工具来使用的，它是虚拟的又是真实的，这种真实性包括在动作的具体性和精确性之中。正因如此，让观众产生了丰富的环境联想，使舞台空间变得极为宽广。

这时，由演员表演的艺术变成了观众参与创作的艺术，这大概正是我国传统戏曲艺术独具长久魅力和生命力的重要原因之一。

前面讲到，传统戏曲艺术是从表演中表现出景，也可说是从人物的行动中表现出来的，这种景的表现总是密切结合着人的表现，成为描绘人物心理、情绪的一种手段，这样对于人物造型的要求就显得非常重要了。古典戏曲对于人物形象的塑造尤为重视并有严格的规制，观众首先是以人物的装扮来认识剧中人。它不仅表明剧中人物的身份、性格和年龄，而且有助于人物性格的刻画，因此，生、旦、净、末、丑各行角色的冠服穿戴和面部化妆成为戏曲艺术中一门重要的学问。鉴于戏曲艺术以表演为主的特点，其人物形象具有鲜明的特色。它的样式、色彩、图案结合表演艺术的要求，比戏剧服装的色彩要强烈、明快得多，以至于即使无布景相衬也鲜艳夺目、光彩照人。戏曲服装经过不断的艺术提炼，在款式和颜色上带有浓重的装饰性，经过变形变色以划分艺术形象与自然形态的界限，使其形式和内容得到升华。这种加强表现的手法正好与演员的虚拟、无实物的表演方法和戏曲艺术的演唱方法在形式上达到完美的统一。

由于传统戏曲中很少有布景，人物的服饰就常常起到揭示环境的作用。于是便有一种说法：戏曲中的布景就在演员身上。如今，戏曲艺术已经走过了悠久的历史，后人在保留和传承其艺术精髓的同时，也在形式和内容上随着时代的发展和需要而进行着变革，戏曲场景的应用也越来越丰富，形式、种类、手段也越具有可视性和表演性。戏曲艺术将永远是璀璨艺苑中的一颗明珠。

四、影视人物与场景

由于影视艺术追随着舞台艺术走过了多年的历程，所以在造型设计上几乎可以沿用同一套理论。随着影视艺术的发展和进步，它逐渐在理论认识、创作观念、艺术实践等诸多方面派生出自己特有的系列体系。影视艺术的终极形式是创造在运动中发展的造型形象，这种银幕形象又分为视觉和声音两类，影视中的人物与场景涉及的是视觉形象。

影视的主体是剧中的角色，在荧屏上出现的生活场地、社会环境、自然环境等都与人物有关联，并且有相当一部分题材的作品选择了实景，所以场景的设计与选择都应该最大可能地适用于人物。同样，鉴于影视艺术的技术特征，人物形象对于观赏者来讲便与舞台艺术产生了差异。舞台艺术的观众与演员的距离要在几米到几十米，人物造型的特点会有适当的放大与强化；而摄影机对于人物形象则会根据剧情及人物的需要给予"远景""中景""近景"以及"特写"等不同景别的处理，尤其是在放大处理时，对服装在款型、颜色、材料、质感、做旧、工艺等多方面的要求会极为严格。认真地对待每一个镜头的拍摄，是服装师与美术师的共同职责。

五、技术与艺术的关系

考察中国当代表演艺术，已经无法回避高科技对它产生的巨大影响。不难发现，在参与当代艺术并给予极大推进的同时，高科技又在利用自身的优势，渐渐掌控和改造着艺术本身。在某些具有权威性的大型综艺晚会中，除了用电脑技术制作的五光十色、令人眼花缭乱的幻境幻象之外，残存的只有内容空洞、演技粗陋；还有一些具有相当专业水准的表演，在多变、多彩、多动的环境和氛围中被干扰、对比得黯然失色、毫无生气，让观众根本无法解读、领会表演艺术的语汇和魅力；有些导演的智慧不是放到用影视、舞台艺术的特殊手段去寻求表现主体追求，用最合适、最独特的语言来展示人物和剧情的魅力，而将精力用于搞形式、耍特技。

舞台艺术发展到今天，有时竟然靠科技、特技去制造艺术，这种所谓的艺术，究其本质而言，已经不再是美学意义上的舞台艺术了。不可否认，舞台技术的高科技介入，可以极大地增加画面的可视性，加大舞台空间的包容量，但不顾主体甚至是喧宾夺主的炫弄，将会动摇或误导大众的审美理念，给人们带来困惑。高科技只能是为艺术所用的一种辅助手段，绝不是艺术的直接创造者，只有具备审美意识的人，才会是艺术的创造者；只有当形式与内容的结合到了不留痕迹、完美无缺时，形式也便显露出它的美妙以及不可或缺的地位。在这一点上，雅典奥运会开、闭幕式的创作与制作堪称典范。人们看到了创作者是怎样用现代人的思维方式、现代表演艺术手段去解读与演绎欧洲文明、古典文化、西方哲学与宗教的理念。人们看到了在这块土地上生活着的希腊民族是如何从昨天走到今天、从远古走进现代；人们还看到开幕式更像是一出戏剧，将古希腊的爱琴海文明和神话故事展现给了观众，因为戏剧是希腊自古就有的最有表现力、最有包容量、最具时空概念的表现艺术形式；于是创作者通过21世纪的高科技手段，从陆地、海洋到空中，将神话与现实结合在一起，将远古与现今编织在一起，将理性与情感搭配在一起，将艺术与技术结合在一起，让奥运会回到了自己的精神故乡。有了这些追求与概念，全部的科技手段都出之有因、用之有效，没有丝毫的炫耀与做作，也没有组织的牵强与痕迹。而最精彩的是开幕式的点睛之笔——点火，它采用了一种最为原始的手法：运动员手执火种去点燃那高耸入云的火炬，而火炬则低下高昂的头来迎接火种，此刻，全世界观众的目光都聚焦于人本身，人性的回归，人性的伟大，人类与自然的关系，让观众不由得用某种古希腊的哲学理念去思考……这是多么具有智慧与浪漫的手法，多么大胆的想象，多么精妙的构思和独到的艺术表现方式。

第四节 ///// 服装与化妆的关系

化妆与服装同属人物造型的范畴，就设计环节来说它们之间密不可分到常常可以用一个创意、一张图纸来完成。服装设计师在创作构思时不可能只想到穿衣而没想过那张生动的面容，化妆设计师也不会不顾及服饰的特征而盲目确立发型与妆容。在人物造型由一人担当时，其创作过程就更显得更为特别：可能由于人物的某种典型的化妆或发型启发了服装的设计，也可能某种服装形式要延展到头部并借助于化妆的帮助才算全部完成……所以，尽管在技术体现方面两者分属不同之科别，但国内外许多专科院校都会在上设计课时将服装与化妆合二为一，有的甚至就统一设为"人物造型设计"专业。在实际工作当中，身兼两职的设计师尽管辛苦却也为数不少，凡具备这种条件的设计，其作品最大的特点是：人物造型的风格、形式、手段之统一达到了最大化。由此足见两者之间的关系之密切。

一、浅析我国化妆艺术之源

提到化妆，最有明显特征的莫过于我国传统戏曲的化妆，它的浓艳、明亮、美丽、夸张、诡异等都让人们过目不忘。

对于戏曲化妆的起源有一种"面具演变"之说。人们在面具上描绘了具有不同颜色、不同情绪、不同性格、不同表情的图案和形象，在娱乐活动中以达到不同的气氛和目的，这种活动最早被称作"假面剧"。至今仍在我国西南地区流行的"傩戏"，便是戴着面具、在特定季节用来驱逐疫鬼的。劳作了一年的人们，在岁末看着自己的收获终于可以由着自己的愿望表现一下，他们用欢乐去感谢神的庇护以保来年的康顺，用呼号驱鬼降魔以求未来的平安。在对神的

谦恭与对鬼的畏惧两种心理的纠缠中，他们戴上画有各种图形的面具，将人、神、鬼、巫扭结在一起，在歌舞呼号中尽情地放纵；还有一种说法，认为我国西北地区传统的"社火"脸谱与戏曲脸谱同源，"社火"指旧时演出的各种杂戏，其意在于以正压邪和祈求祥和。"社火"的起源可以追溯到隋唐时期，它是一种为人喜闻乐见的民间表演艺术形式，其表演时有角色划分，而角色又是由人们化装扮演的。这种化装最初也是画在面具上，然后再戴在脸上，亦称"代面"。后来在唐宋时期流行的一种艺术形式"参军戏"中，出现了直接在脸上涂画颜色的做法。由于"社火"的表演目的不同，有的取其历史和传说中的英雄人物以震邪恶或象征吉祥，有的寓意太平祈盼丰收等，这便出现了具有不同功能的角色。由于角色的性格和象征意义不同，就需要在化妆时表现不同人物的形象特征，于是，便产生了有着固定程式的脸谱。我国戏曲艺术发展的盛期在元朝，在化妆造型上戏曲脸谱借鉴了"傩戏"与"社火"的形式和谱式，并发展完善为今天自成体系的戏曲化妆艺术。

脸谱式的化妆对于表现历史剧，尤其是具有神话色彩和幻境意味的人物是适用的，但并不太适合表现现实生活中的人物。清末民初兴起的"文明戏""时装新戏"在表演程式和人物造型上都试图对传统戏曲进行改革和探新，但变化不大，因为戏曲艺术经过千锤百炼已经作为一种独立鲜明、独具特色的表演艺术而独树一帜了。直到"五四"运动以后欧洲戏剧传入中国，舶来品的新话剧兴起，才逐渐地采取利用油彩按照自然真实的原则去塑造人物形象的化妆方法，从此，话剧的化妆方法就与传统戏曲的化妆方法截然分开。以戏剧、影视剧为代表的化妆造型较接近于生活现实，并在长期的试验、实践、发展中逐步成熟，自成体系。

二、服装与化妆的色彩关系

无论怎样讲，在整个人物造型里，化妆的作用都可以算是"点睛之笔"。如对于一套冷色调的服饰，化妆如果使用相对暖色进行处理，它可以非常明快，或是更加阴冷；如若采用相同色系的处理又会使化妆与服装的色调极为协调，两者之间的关系，取决于演出、剧情和人物性格的需要。

服装在构思过程中有一项重要的内容，便是确立色彩基调。色彩基调包括色彩的冷暖、色彩的明度以及色彩的纯度。色彩的基调会或多或少地折射出整个作品的追求，化妆的基调与服装应该是相辅相成的，无论采用浓重夸张、清淡写实的，还是明快鲜艳、模糊晦涩的，都应该统一在已经确立的整体人物基调中。原中国青年艺术剧院排演的大型印度诗剧《沙恭达罗》，是古代剧作家、诗人迦梨陀娑的代表作之一。舞台服装的浪漫情调犹如梦境，色彩艳丽华美（图57）。我国著名化妆大师王松美女士，在话剧《天使来到巴比伦》的造型设计中，对角色采用了绘画与塑形的双重处理手法，将发型、妆面、饰物与服装结合得非常完美，使全剧人物造型栩栩如生，很好地辅助演员接近角色，成为塑造人物中最亮丽的一笔（图58）。

三、服装与化妆的节奏

在前文"形式美法则"中曾提到了"节奏"，在服装色彩中也谈到节奏，现在我们又讲到的"节奏"，是服装与化妆的节奏。节奏可以由色彩制造，可以由结构制造，还可以由形式和手段产生。实际上服装与化妆的节奏就是个"取"与"舍"的问题。一件好的人物造型作品，不是因为用专业语言讲了许多话，而是在于能用简洁的语言把话说清楚。这似乎是个浅显的道理，但是，在实际应用中却也显得深奥，因为这意味着要割舍、要放弃，有时甚至是要丢掉一

图57

图58

个很好的创意。经常会看到这样的情况，人物造型从头到脚内容繁多，结构复杂，装饰繁复，近看时无论头饰的工艺还是服装的技艺都下不少工夫，可是在观

众席看到的远观效果却像是一个货郎架杂乱无章，也许把头部上的大装饰减少一些，也许将服装的肩部和下半部的配饰与挂件取消，就会变成一件不错的东西。化妆师声明：那件头饰是全剧化妆品中最昂贵的制造；服装师宣称：那件"云肩"和"裙面"的装置正是那个时期典型的特征。最后的结果将是：为了那份不忍割去的"舍"，两人都没有得到成功的造型。

在有人物的大型作品创作时，服装、化妆两位设计师一定要建立良好的沟通与合作，并对整体人物造型建立共识。整体人物造型规律应该是有繁有简、有松有紧、有张有弛、有主有次，两位设计师之间的追求一致了，认识一致了，合作默契了，就向创造完美

艺术形象的共同目标迈进了（图59）。

图59

第五节 //// 服装与灯光的关系

灯光无论在舞台上还是在影视艺术中，都是为了塑造环境真实性的再现而增加色彩和亮度而采用的一种手段；它追求与剧目相吻合的风格化，并创造剧情需要的特定氛围与情调；除此之外，灯光还具有自身力量，它可以借助色彩的象征作用来体现剧中人物的心理效果，表现人物的心理状态，渲染人物的情绪变化；它还可以利用特殊的处理方法来切割舞台和视屏的表演区域，造成艺术空间交织、重心流动、层次多变，甚至造成环境或人物特写；随着高科技的应用，特殊效果光还能根据特定剧情的需要，以特有的方式帮助剧目中人物实现主体造型。

关于服装与灯光的关系将分两个方面谈。

一、服装色彩与灯光

常能遇到这样的情况：在舞台下面我们看到的演出服装色彩很暗淡，但到了舞台上，在灯光的照射下服装的色彩大有改观，人物形象也显得光彩照人；也

会遇到另一种情况：在舞台下看来很漂亮的服装，在台上却形色平常，毫无生气。产生此类情况的原因有舞台环境色对服装的影响，更有灯光对服装的影响。

在芭蕾舞《梁祝》中，舞蹈编导以男群舞和女独舞的组合对这一经典爱情故事进行了重新解读。为男演员设计的服装是一套草黄色套装；女独舞是一套淡玫粉裙服，意在以淡雅的色彩传递一种含蓄、优雅的诗般意境。灯光设计对这种追求给予充分的理解与协助。灯光打出的颜色随舞蹈的情绪而变化，时而忧郁，时而透彻，委婉地传递出作品中人物的心理状况和美好的情思，起到渲染烘托气氛的作用。美丽的灯光色彩既丰富了舞台的画面又勾勒出演员的立体轮廓，为舞蹈艺术的审美增加了内容（图60）。

灯光的处理还可以产生另外的情形：在舞剧《三圣母》第二幕中有一套为村妇设计的群舞服装，其款式上为偏襟连衣短裙，下穿裙裤。服装的颜色采用了从淡黄、中黄到橘黄并从上下开始向中间过渡的变化，在裙摆部位手绘茶褐色彩陶纹样图案。服装制作完成后整体效果协调古雅并给人温馨亲切的田园情

图60

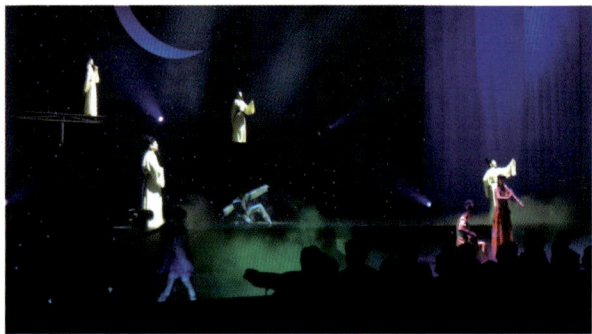

图61

调,导演也赞赏不已。但这套服装并没有收到很好的舞台效果,在舞台环境中,台下的那些效果和感觉荡然无存,颜色苍白清淡,以至于不得不用增加演员手持道具的方法进行弥补。对这种情形进行分析发现这也是灯光作用的结果,这是全剧里气氛最热烈、场面最活跃、光感最明亮的一幕戏。由于背景用的是极为吸光的黑丝绒幕布,灯光要达到照亮全台的效果,就要使用强烈的白光投射,这样处理是剧情和技术的需要。但对于色度不够饱和,属于中性色系的黄色的过渡色来讲,在强光之下就显得苍白褪色了许多,如果用橙色光片效果将会大不一样。

在服装色彩的舞台运用中,白色对于灯光来讲是最具有创造条件的,白色材料在灯光师的手中几乎可以产生出所有需要的色彩,并且可以变幻出多种情调的意境,给人们无限遐想。每一件成功的舞台服装都离不开灯光师将它照亮,那些透明的、立体的、美艳的、梦幻的、拙朴的、淳厚的、晦涩的、晶莹的……

种种对服装形态与精神的比喻与描述,多半离不开灯光的协作和帮助(图61)。

二、服装材料与灯光

在实际工作中,服装设计师不仅要了解各种色光对于不同色彩服装的作用,还要掌握不同质地、质量、肌理的面料在不同灯光的作用下所产生的不同效果。在面料的表面由于多种因素的影响会呈现出不同的光效应,主要可分为有光、无光、闪光、透明四种,这些不同的特点大大丰富了面料的色彩效果。质地比较平滑、肌理比较细腻的材料吸收光的能力较弱而观感较强,容易造成明亮、华丽的感觉,如真、仿绸缎的光面以及一些制造比较精细并采用特殊工艺处理过的化纤、合成面料等;质地凹凸不平、肌理比较粗糙的材料吸光能力较强,不具备反光性能而体现出厚重、沉稳的特色,如粗麻、粗棉、毛、糙丝等,此类面料由于没有反光效应,使用得当,将会在舞台上和影视中有很好的效果;闪光面料随着织造业的快速发展而上市,出现了各种金属光、珠光、宝石光、镭射光、炫彩光等品种繁多的产品,极大地丰富了创作者想象与表现的空间。

设计师要根据不同的面料在灯光作用下的基本特点来选择演出服装的材料,如欲表现舞蹈、传统戏剧和影视中人物的富贵、飘洒、靓丽之特点,服装可以考虑用光感较好的面料，而不反光的薄软材料表现高雅、流畅、优美也是不错的选择；在国内外享有盛誉的丝绒面料兼富丽、高雅、优美于一身，很适于制作民族服装和高档演唱服；属于一般面料的素棉绸可以很容易地染上多种颜色，由它制作的服装在灯光的作用下色彩丰富、色调柔和，具有许多材料无可比拟的效果，堪称物美价廉；各种天然、人造、化纤、混纺的纱类，或轻柔飘逸，或透明挺括，在灯光下能产生梦幻迷离的情调，极适用于舞蹈服装和各种演出中具有浪漫色彩的幻境；此外，许多化纤浅色面料都偏爱微冷色调的灯光，在冷色光照下，这些面料鲜艳明快，出人意料；由毛呢、粗棉麻、麻袋呢等粗纤维之类材料制作的服装虽然价格低廉，比起用高级毛料制作的制服在镜头前毫不逊色，设置效果更佳；一件颜色考究、面料高档、精心制作的衣服在舞台上没有选用合适的色光同样会显得低档庸俗。

由此可见，合理使用面料，在使用之前充分了解和掌握在灯光作用后的效果是很有必要的，在某些时候灯光师可以帮助服装设计去创造和完善自己的创意与追求。在舞台上，各个部门之间除了人们已知的规律、已解决的问题、已明确的关系，还会存在和出现新的、尚未了解的、吸引人的、微妙的关系，这些都将等待艺术家去研究与探索，这或许也是那"艺无止境"的由来之一吧。

第六节 ///// 服装与道具的关系

表演艺术中的道具即"表演用具"同样是舞台美术、影视美术的重要组成部分之一，它也是在有限的舞台空间创造出无限的戏剧空间的表现手段之一，它在创造气氛、渲染情调、刻画剧中人物心理中有着不可忽视的作用。在有些表演形式如戏曲、小品、单场话剧、舞蹈中，道具甚至可以替代和延展布景和服装的功能与作用。道具具有实用性和象征性两种形式的使用方法。实物实用的方法很好理解，如现实主义题材的影视、戏剧艺术中出现的家具、电器、各类用具、交通工具、武器、食品等；象征性道具是出现在采用象征手法制作的作品中、已经完全失去原有意义和功能而另作他用的用具。

服装与道具的关系主要有两点，一是协调性，二是互补性。在协调性的关系中包括风格的协调、色彩的协调、样式的协调，这些关系处理得当，会使作品在不经意之中透着讲究、严谨与精致。在舞蹈《正月》中，一群姑娘手持红灯笼，身姿婆娑，她们好似被人间的美好所吸引的天女在欢乐的气氛中与人共舞。

白色的服装是那样的洁净，与民间服装常用的浓艳色彩形成对比，使"赏灯"的主题十分鲜明（图62）。

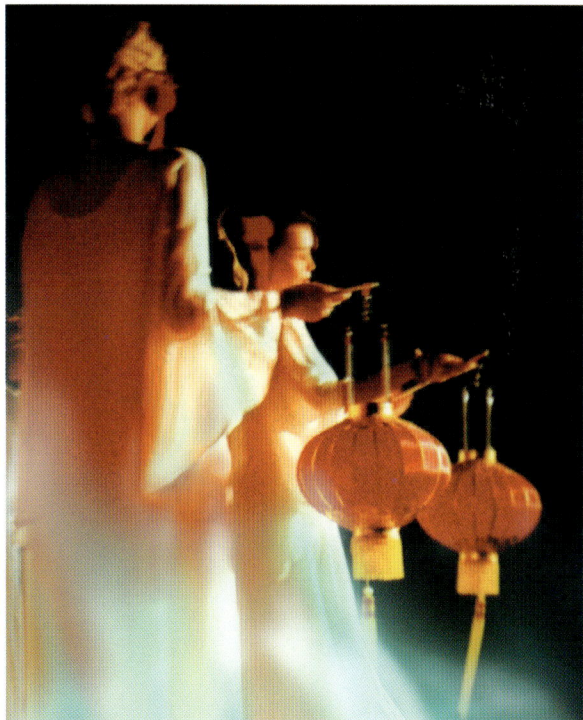

图62

在互补性的问题上一般情形为设计性互补与弥补性互补。我们经常可以看到一些在环境、人物、道具的设置上很严谨的镜头或舞台画面，他们之间的疏密排列、色彩组合、款型样式都有合理的关系，这种就是在预先整体考虑之中的设计性互补；弥补性互补是在舞台形象已经确立以后出现的缺欠进行的弥补手段。如一套服装在形态上有向右侧偏重的趋势，而剧中人物恰恰要呈现出平稳的性格，这时可以给人物在左侧增加一个挎包或手袋，从整体上便会产生均衡感；再如有的服装在制作以后会觉得结构和层次都过于简单，而此人正好需要一把扇子做道具，这时可以不必去修改服装，只需选择一把造型合适、颜色合适、扇面绘画内容饱满的扇子便可轻松地解决问题。像此类两个或更多的部门互相帮助、互为补偿的在工作中常会遇到。

服装与道具在演出中的不讲究是一种疏忽，而过度讲究又是一种做作。在不疏忽与不做作之间去寻觅那份恰到好处，是服装与道具之间应该维系的良好状态，也许还是服装与其他部门之间应该维系的良好状态。

第七节 ///// 服装与佩饰的关系

服装佩饰包括与之相搭配的鞋、帽、围巾、披肩、腰带、手套、袜子等物件。

在人物形象的整体造型中，佩饰是与其密切相关的重要元素，一般来讲佩饰服从于造型的总体风格，即款型、色彩、质地、样式等要与服装组合协调的合适，成为其中的一个有机的部分。一套再好的服装，如果忽视了佩饰设计都有可能沦为败笔；反之，则会使整体的造型变得严谨讲究。另外还有一种特殊情况，就是有许多设计师会在某些作品中将佩饰的地位由从属升至为主导，他们甚至把强化佩饰作为一种风格与追求来处理，如夸张的披肩、硕大变形的帽子、色彩响亮的围巾、质感独特的长靴、体积超常的挎包等，都会成为服饰造型中独特的形象。当然，这些形象的出现首先离不开戏剧表演艺术中特定情景和人物的特别需要。

佩饰在造型中还有一个重要的作用就是为服装的色彩、质感、光感、形态提供对比性，有了它们的介入，作品的内容会更加丰富，造型会更加完整（图63）。

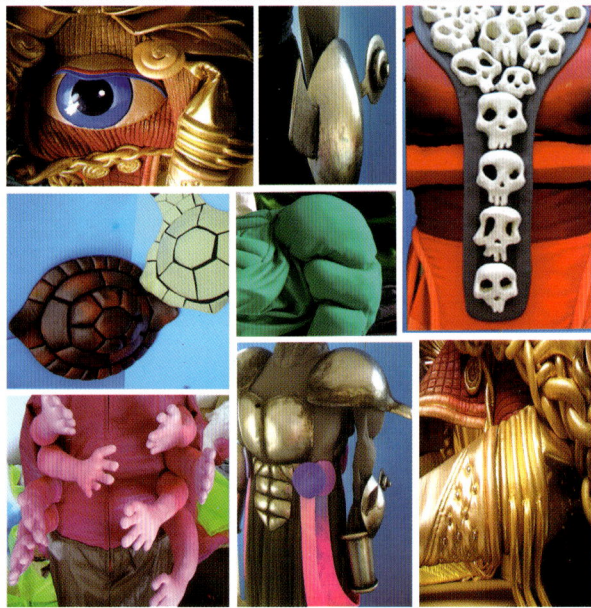

图63

[复习参考题]
◎ 服装设计师怎样建立与导演、演员的工作关系?
◎ 服装造型设计与舞台美术各部门的联系是什么?

第五章　不同艺术形式的服装设计

本章重点 》

简述了多种不同表演艺术形式的起源、发展、特征及目前状况；列举不同的设计风格，展示手段，表现理念及形式种类，用大量、多样、成功的表演艺术作品，从多种视角观着、体味服装设计理念的深层含义。

学习目标 》

认识服装设计在各种艺术形式中所处的位置，了解不同艺术形式的设计方法与基本手段与特殊手段，感受形象思维创意的多变与美妙时空。

建议学时 》

12课时。

第五章　不同艺术形式的服装设计

在人物造型的大范畴里有许多通用理论和理念，在不同演出艺术形式中的人物造型，也存在各自的鲜明特点与特别规律，发现、认识、了解它们，将有助于对人物造型设计的特点与本质进行解读和研究。

第一节 //// 话剧服装设计

一、话剧随谈

话剧是一门由剧本、导演、演员、舞美、观众共同组合的综合性艺术。话剧艺术具有舞台性、直观性、综合性、对话性的基本特点。话剧来源于西方戏剧，于上世纪初在我国诞生，至今已有百余年历史。

以对话和动作为表现手段的戏剧即为话剧。人们往往认为它较接近于影视，而话剧艺术不同于影视艺术的最根本的一点，是在于演员与观众同时间、同空间的存在，在于表演与欣赏的相互依赖、同步进行，这是影视艺术所不能达到的。

话剧的目的首先是同观众的语言交流，希望观众和创作者的情感一起激愤，一起悲痛，一起欢笑，一起感叹，一起感动；再一个目的就是调动观众，让他们参与、互动、交流、思考。从对剧作者的创作初衷中的思考，对演出中哲理、情节、故事、人物、景象的思考再过渡到成为观众个人的多种思考。这种思考也很特别，由于不同观众所具有的不同社会阅历、社会经历、文化的修养与理解而显现出多方位。而这也正是创作者们的创作初衷与演出含义的多样性与观众理解的多层次性。只有当话剧被观众的思考所添补、所完善、所充实的时候才能算最后完成，才能真正体现出它的价值。这也正是创作者所愿追求和得到的。

话剧的内容、风格、题材、形式、手法等是多种多样的，同样，话剧服装设计也存在多种多样的风格、形式与手法。但对于话剧服装设计，重要的从来不是样式用得对与不对、结构用得像与不像之类的问题，因为常常是由于服装的过于生活，没有艺术手段的处理，没有明确的、典型化的追求而使设计师在某些时候显得无足轻重。当然，这不是说一定要将服装放到一个显赫的位置。对于肩负着人物形象创作的设计师还是要强调：优秀的作品来自于实践与体验、活跃创新的设计思想、独特鲜明的设计风格、大胆有效的表现手法、和谐愉快的创作氛围。

二、源于体验的创新思想

人们常说，任何事物都有其存在、活动、变化、发展之规律。的确，宇宙间、大自然、人类、宏观世界、微观世界等都有自己的节奏与律动，都在遵循各自的轨迹运行与生存。由于职业与性格的原因，出于笔者那没有定式的胡思乱想，却也常能回报些有趣的发现。曾经，为筹备一次国际文化交流的作品，笔者去鲁西南地区一个美陶厂制作一批黑陶艺术作品。工厂坐落在乡间村头的一个旧院落里，由于时间紧迫和创作欲的交织，驱使我在那些天不知疲倦地工作着。乡村的夜晚很宁静，微风吹来，带着黄河流域特有的泥土的味道，看着我手中的陶泥，就出自于我脚下的这块黄河下游的冲积平原，依稀听到四千多年前祖先们在切磋"快轮制陶技术"，仿佛看到人们聚在窑口为"薄如蛋壳""光亮如漆"的黑陶精品的出窑而等待着、期盼着……想着、听着，心中升起一种别样的感受。"刷"，停电了。对于农村，停电是个平常事。对于我，眼前一片漆黑，黑得没有一丝光亮，黑得让人感到窒息，黑得五官变成一块平板。在我成年后，可能是第一次体会到黑色的笼罩是那样莫名其妙的神秘，我感觉自己已经全部融入黑色中，黑得真是透彻。那种被融化到只剩下一点意识的感觉，那种纯粹与极致的享受，在后来的创作中曾让我受益匪浅。很久，我终于从屋里摸到院里，这天晚上一定是个多云天，我竟然没有在空中搜寻到一颗星星，哪怕只有一颗，向着我轻轻地眨眼，我也可以在心中点亮一点光明。突然，远处村里响起一种声音，待我还没有分辨出是什么动静，这声音已经响成一片。我愣了好一会儿，又侧耳细听，明白了，分明是鸡叫，全村的鸡鸣纠和在一起，叫得是那样响亮、那样认真，虽然我不能说那声音有多么动听，但毕竟顶破黑暗、打穿寂静。"时间不会这么快吧，难道不知不觉快到黎明了？"我这才想起自己身上有一件发光物——电子表，我的时间感觉是对的，那是晚间十一点半，真正的一次半夜鸡叫。

关于鸡叫的问题我还从未想过要去专门"研究"，但鸡叫的"规律"是可以轻松得到考证的，如"一唱雄鸡天下白""雄鸡报晓"等说法都说明了鸡是在黎明前打鸣。而在鲁西南，我住地附近的鸡为什么在半夜叫，却是件费解的事，但也绝不是小说《高玉宝》中地主"周扒皮"耍的骗人把戏。据当地人讲，本地的鸡就是有在半夜鸣第一次的习惯。由"半夜鸡叫"的话题我还听到一个当地关于鸡的趣闻：老百姓家养的鸡，不是住在鸡房、鸡窝里，而是住在树上。一年四季，鸡们都是飞到主人家院里一棵固定的树上歇息过夜的，并且每只鸡都有自己固定的位置，它们恪守鸡道，纵然是雨雪风霜也绝不搬家换位或是找个地方逃避。有一次的大风雨，致使一位老乡家养的四十多只鸡在一夜之间全部被暴雨所害，"就义"之场景极为"惨烈"。

这件小事或许可以告诉我们，经验没有绝对的通用，即使是规律性的事物也不会一成不变，也偶存着特殊性；事物还存有多重性，即便是在普遍认识里也存在未知领地。如能在普遍规律中、在为人熟识的事物中寻找到未知与特别，将是件快乐且有意义的事。

一般事物是这样，艺术创作则更是如此。深入生活，乐于发现，善于品味那源于生活的非寻常感受，积累那来自于实践的五花八门的经验终究不为徒劳。当艺术形象思维的大门敞开时，那些积累和经验将合着全新创意的飘舞涌进你的脑海、伴着灵感的跳动流入你的心田。要善于呵护自己那鲜活的思想，一经发现要迅速迎接它、把握它、强化它。这或许就是你作品的独特风格的雏形或属于你自己的特别造型艺术语言的词汇。这种创新一旦成型，随之而来的便是探索研究创新的风格、形式和手段。

三、独特鲜明的设计风格

"一个男孩在野外玩耍，被荨麻刺了一下。他跑回家对母亲说，他不过碰了碰那棵讨厌的杂草，就被它刺痛了，母亲说：'孩子，正因为你只碰了碰它，它才刺痛你，下次你再摆弄荨麻，一把就抓住它，它就不会刺痛你了。'要干，就放胆地干。"这是伊索的寓言《男孩和荨麻》。在创作中追求一种风格、追求一种表现形式时，不要像男孩那样仅仅是碰一碰。总体风格一旦被确定就要坚定地去追求，稳稳地去把握。

四、大胆有效的表现手段

当设计思想和艺术风格成形后，要尽快确立表现手段和方法。我们知道，艺术形式的表现方法是多样的，好比去登一座高山，在到达山脚之前，可以采取乘飞机、火车、骑自行车、步行等多种方式，但要想到达山巅，最有意义的就是勇敢地去攀登。在服装手段的选择时，摆在面前的方法很多，需要认真地、不辞劳苦地去找到最适合的那种，一旦有了选择，在表现和使用时就要看准它、抓住它，像攀登高峰那样知难而进，当我们付出努力到达高处时，定会有意想不到的收获。

五、话剧服装设计实例

《初恋时，我们不懂爱情》的人物造型就是在话剧舞台上对形式感的大胆尝试。著名导演娄乃鸣女士在赋予作品"现代诗剧"体裁的同时，为这样一台反映清洁工人生活现实的作品披上了最浪漫的色彩，也为各路创作人士插上了自由驰骋的翅膀。故事通过对一个年轻的清洁工人在一个姑娘那失去了自我又从另一个姑娘那找回自我的描写，揭示了普通劳动者的情感、生活和工作，以及对自我的重新认识，对人生价值的重新认定，对未来前景的美好向往。

在创作中，力求采取一种全新的思维方式、全新的造型手段来塑造全新的现代工人的舞台形象。在话剧舞台上人物造型大都采用写实的手法，工人形象的外部特征大众都很熟悉。《初》剧所表现的清洁工人是一个最普通的劳动群体，笔者采用抽象与浪漫相结合的手法，强化人物造型的形式美感，直接将普通劳动者推向一个具有审美意义的高度。根据剧情，在构思阶段我将人物造型分为三种时态："过去时"、"现在时"、"将来时"；服装样式分作三种类别：灵异的工装、多彩的休闲装、前卫的时装；服装色彩分成三大色块：黑色、彩色、银白色。

"过去时"系列装束从工作帽、工作服到鞋，全部采用黑色；沉重模糊的色调将时空推向遥远，并且强化了晦涩与压抑之感；按照服装结构拼贴的多彩色块，一是打破黑色的单一，再是色块在黑暗中闪烁与运动能产生幽灵般的神秘感。由于清洁工人的工作多是在晚上，舞台灯光的时明时暗，服装上色块的流动与闪烁也烘托和象征了劳动的气氛与节奏；服装的上衣款式仍然是三紧式的工作服，保

留了原型的部分特征，但黑色紧体裤和鲜明的色块构成了强烈的形式感。

"现在时"服装系列用了"多彩"的概念，用在工人们的劳动之余——生活中。十多名男女青年用淡蓝色作为服装的整体基调，对宽松随意的时装上衣做曲线双色拼合，男青年用暖色系列的红、橙、黄与女青年的绿、青、蓝、紫正好构成了完整的光谱色，象征着生活的多彩和美好；上重下轻的服装形态，既有明显的时尚元素，又充盈着清新与活泼的气息；在明快多彩的整体追求中，为男、女主人公设计了相同款式却不同色调的搭配，用整体的统一感与形式感里出现的"变异"而突出了个性之美，从而在风格化、诗化、形式化的主旋律气氛里重又找回人物的典型化与个性化。

"将来时"的服装是前卫的、浪漫的。银白色的超短超体积的服装、向上翘起的肩部以及银色的抽象装饰，使人物显得挺拔、摩登，他们好像飞离了现在的时代，飞向了未来到时空，在做着最现代化、理想化的活动。是的，人总是有理想、有幻想的，也正是对美好的憧憬、向往与追求才激励人们去进取，去奋斗。浪漫式服装制造的浪漫的普通劳动者，在浪漫的舞台情调和舞台气氛中将全剧推到了高潮，使全剧的风格达到近乎于完美的和谐与升华。这些劳动者的工作是普通平凡，但他们的心灵纯洁、情操高尚、理想美好，这不正是对劳动者、对人性的赞美与讴歌吗？

《初》剧在造型手段上，采用抽象的手法将全部的生活服装艺术化、简洁化，用平面构成、色彩构成、立体构成以及形式美的多种手段，强化他们之间的联系、谐调、对比、重复、渐变、变异等多种形态，以及由此所演变出来的忧伤、无奈、快乐、幽默、幸福等情态特征，用以暗喻、揭示、烘托人物性格和戏剧情绪；在服装样式上，曲线的拼接与立体裁剪、排列有序的色彩、夸张的色块都是高于生活的造

型处理元素，全剧通用的紧体服以及轻松简洁的款型、飘逸流畅的面料，都为舞蹈所展示的形体美留下创作空间；全剧的人物造型与舞台环境中抽象的、活动的、多功能的立体雕塑，集中在一种高于生活的装饰美与形式美中，在那种诗般唯美风格的表演、现代舞蹈与时尚音乐的气氛中达到完美的协调，与传统的话剧演出样式形成明显对比（图64、图65）。

人物的化妆造型设计因为是与服装设计一张图完成，所以在风格和样式上既可以全部统一，又能起到与服装在节奏上有很好的配合，并互为补偿的效果。这种形式感极强的人物造型，在业内和社会上都备受关注，他们被称为"一群精灵""一群美的化身"

"一组未来世界的雕塑"……此剧曾在北京连续公演超百场，全国三十多个专业演出团体按照原创进行排练演出，同样效果极佳。

图64

图65

第二节 ///// 戏曲服装设计

戏曲服装设计可分为传统戏与现代戏两种题材，一般现代戏的服装设计与话剧较为接近，这里将只谈传统戏曲服装并以京剧为主的设计理念。

在前面我们知道，最初的戏曲艺术是从表演中揭示与表演中出景的。这种景的表现密切结合着人的表

演，成为描绘人物心理、情绪的一种手段，因此对于人物造型的要求就显得非常重要了。在传统戏曲中非常重视人物形象的塑造，多年来，人们经过长期的舞台实践经验，总结完善并制定了一整套严格的戏曲表演艺术的程式，人物造型也同样有自己严谨的规制。将戏曲中的人物分成生、旦、净、丑几大行当可谓在戏剧史上独树一帜，观众可以通过角色的穿着、扮相

来认识剧中人物,它不仅能表明剧中人物的地位、身份、性别、年龄,而且能还能揭示人物品格的优劣与品行的忠奸,使冠服穿戴与面部化妆成为舞台艺术中一门独特而重要的学问。

一、戏曲服装的产生与变化

关于我国戏剧艺术的起源在学术界一直被认为是一个多元的发生渠道,有着不同的进入点和不同的解释方法。我们只顺其大致的脉流作简单浏览。

上古时期人类在巫觋祭祀活动中,对于日月星辰、山川石水、动物植物的崇拜,那些发端于崇拜的图腾、发端于祖灵信仰的祭祖活动、以驱灾逐疫为目的的傩祭活动等,都对戏剧的起源产生过影响。

我国戏曲艺术是在歌舞伎艺的基础上发展而来的,起源大概可追溯到先秦。先秦是戏曲的萌芽期。《诗经》里的颂,《楚辞》里的九歌就是祭神时歌舞的唱词。从春秋战国到汉代,在娱神的歌舞中逐渐演变出娱人的歌舞。从汉魏到中唐又先后出现了以竞技为主的角抵(即百戏),以问答方式表演的参军戏和扮演生活小故事的歌舞踏摇娘等这些都是萌芽状态的戏剧。这个时期表演者开始有人物和角色的服装,如参军戏是由一个戴着幞头、穿着绿衣服,叫做"参军",和另外一个叫"苍鹘"的两人用对话做滑稽诙谐的表演。随着歌舞百戏的进一步发展,被称作"倡优"的艺人穿上生活服装,扮演故事中的人物。隋唐时期的歌舞杂戏开始将歌舞服装根据表演的需要以及社会需要在民间乃至宫廷进行了不断的改变与发展,到了宋代,歌舞服饰在样式、色彩、图案等方面较先前已有较大改变。元代杂剧是真正成熟的戏剧形式,它揭开我国戏曲史上光辉的篇章,这一时期也是古希腊戏剧的发展和繁荣的鼎盛时期。元杂剧所具有的形式、内容与品种的繁多,以及戏剧场所之多、戏剧气氛之浓厚,可以与世界戏剧史上任何一个戏剧的昌盛时期相媲美。戏曲服装是在历代演出剧目不断丰富的

情形下积累起来,其中有一部分属歌舞服装,大多数是根据历代服装仿制的。元代杂剧演出中的服装对不同的人物如何穿戴已经有了详细的规定。到明代,戏曲服装的规制更加完备,不同的角色有相应的穿戴,其主要标准有:番汉有别,文武有别,贵贱有别,贫富有别,老少有别,善恶有别。另外,有些知名的历史人物,已经有固定的装扮模式,如人们熟知的诸葛亮、张飞、项羽等。清代初期,戏曲服装不仅从人物的身份上有区别,而且更加注重人物性格的刻画。清代后期,四大徽班相继进京,为适应京华群众需要,融入当地流行的京秦二腔,后又汇进汉调,并将南方风情与北方神韵、民间精神和宫廷趣味在这种艺术形式中巧妙结合,相得益彰,逐步孕育嬗变为京剧,成为全国最受欢迎的戏曲剧种。随之,戏装规制有了进一步的变化,形成了京剧衣箱。近代戏曲艺术大师们承袭了传统戏曲艺术之精华,除了在表演上的继承与发展,结合人物形象的塑造在服装样式和色彩上都进行了改进与创造。

衣箱的形成和戏曲演出的发展过程分不开。由于当时戏班的演出条件有限以及历史朝代的更换,演出的剧目不断增加,剧作家、演员、服装的设计与制造者对戏装的更新只能依据历代相传的、受到观众喜欢的装扮来进行,只能从角色的性别身份、文扮武扮上区别。在经历了宋、元、明、清几代的调整、补充、修改、完善后才逐渐形成由歌舞服饰和历史服饰相融合的、我国戏曲特有的衣箱制。我国地域辽阔,吸取种类繁多,各种戏曲的发展历史不尽相同,传播的地域不同,为此,各种不同的剧种或多或少保有自己的传统衣箱特色。

二、戏曲服装的审美特征

1.戏曲艺术最大的审美特征是写意性。在讲究形神兼备的同时更重视神似。神似在于捕捉对象的神韵和本质形似则是强调特点,而不是外形的逼真。戏曲

服装的发展经历了从生活化走向艺术化的嬗变过程。它不是简单地再现历史生活服装的真实性和具体性而是借物态化的服装为人物传神抒情。这便是写意性的审美特征。这一追求神似的写意性审美特征的形成，或许是戏曲的起源与歌舞文化的渊源和互相交融借鉴有关。戏曲服饰的写意性在应用中有许多表现，如"水袖"在中国戏曲中就有着非常重要的作用，通过对其夸张和强化的变形和表演中的操作以达到写意的审美追求。"水袖"在戏曲发展中从无到有、从短到长、从简到繁，作为戏剧性的舞蹈表演被纳入整个戏曲表演程式范畴，在戏曲中"水袖"的使用技巧之多不胜枚举；戏曲中的"翎子"是插在盔头上的两根长雉鸡翎，"翎子"的颜色斑斓美丽，戴在头上不仅起到装饰的作用，而且演员还可以利用它体长、坚韧、富有弹性的质地，并依靠形体动作使翎子产生不同节奏和韵律的动势；把它弯成各种形态来配合加强自己的身段表演；还可以表达剧中人喜悦得意、焦急惊慌、无奈忧虑等情绪，在刻画人物性格和表达人物感情上有别致、独创、突出的戏剧效果。

2. 戏曲服装极富装饰性和夸张性，其明显的表现在于它们本身的图案与色彩上。中国服饰图案的装饰已有五千多年的历史，无论是宫廷贵族服饰还是民间百姓服装，其服饰上的图案装饰极具特色并深得人们的喜爱。戏曲服装因受中国历代生活服饰的影响而极为讲究服饰图案化，这是先人们以丰富的想象力和创造力给后代留下的十分丰富的精神文化财富。戏曲服装的图案化主要表现在它平面精美的刺绣纹样上，是在传统审美习俗中进行系统的艺术化加工，可以说集传统图案之大全，其中最突出的要数龙凤图案。戏曲服饰图案在长期的演化过程中已经形成了特殊的形态和色彩，在那些饱和的艳丽的色彩和夸张的造型中蕴涵着丰富的隐喻性和象征性。

3. 戏曲服装具有人物性格特征。有关戏曲服装的人物化在明代有文字和形象记载的资料中可以看到。明刊本《荷花荡》的插图，反映戏班在演出之前的后台情况，其中对剧中人的装扮就有描绘：王允，挂三髯髯，穿圆领束带，戴纱帽；吕布，穿长袍、戴金冠，插雉尾；貂蝉，穿衣裙、戴头面，执扇子……可见四百年前的剧装就具有极强的人物特征性。

三、独特的设计理念

传统戏曲服装最大的特点是程式化，它有一套严格的穿戴规制——衣箱制。衣箱制的本质是：以一套固定戏曲专用设备及其应用制度服务于不同题材古典剧目的一切演出。它吸收不少明代的各类服装进行改造艺术化处理，到了清朝又将生活服装融入戏服之中，使衣箱的内容更加丰富。此外，戏曲由于历史的原因而没有布景和其他说明性的附属手段，服装便几乎承载了需要说明的许多功能，于是形成了一套完整的着装程式。但是在这套程式里，有时表现得极为严谨，如"宁穿破，不穿错"的行规；但有时又极为宽容。演唐代戏，穿明代服装不一定错了；但是，如若扮演一个贫家妇女本应青包头、青褶子，却用了满头珠翠、花褶子便不对。如在有的戏中服装不强调故事发生的历史时代特征而是根据人物的身份、年龄、品格予以典型化的装扮；而有的戏既强调服装与历史时代特征的吻合，同时又继承传统戏衣的元素。戏曲不同的表演风格以及戏曲中不同的艺术风格决定了它们的不同设计理念和应用理念（图66、图67）。

独特的设计理念还表现在戏曲服装几乎是全封闭的，不暴露演员的身体，其成因多是由于戏曲几百年的历史中只有男旦，而男旦不可能通过暴露身体来表现女性的人体曲线美，反而要将自己的身体遮挡起来通过身段表演来表现女性美的韵味和含蓄。戏曲是唱、念、做、打的艺术，由于戏曲以唱为主是它的表现手段，它的动作幅度与速度相对缓慢，以便台下的观众能很清楚地看到演出服装的具体细节，这就要求演出服装精美耐看，经得起观众仔细品味和观赏。因此戏曲服装成为刺绣之服，刺绣成为戏曲服装的一个显著的标志。

图66

图67

第三节 ///// 影视服装设计

一、影视服装设计的定义

　　影视服装是指电影或电视剧中人物的着装，属于人物造型的范畴；它一是为影片的环境造型，即服务于故事情节；再是为人物造型，即服务于人物的外表形象。人物的造型依靠化妆和服装共同完成，成功的服装设计与化妆造型能直接或间接地帮助和启发演员建立高度的自信与充分的想象力、尽快进入角色，相信自己就是戏中人物，从而去刻画剧中人物在戏剧冲突中的内心世界，通过对人物内心世界的深入挖掘去探索对生存状态、对人生哲理的感悟与思考，从而得到在精神世界的升华。作为一名成功的演员不仅仅只是追求人物鲜明的外在性格，更主要的是挖掘出剧中人物的内心世界，并能引领观众，使其身临其境，去理解、关心剧中人物的命运和故事的发展，得到视觉与听觉方面的美感享受。影视服装具有双重性的特征，在形式上看，它既是舞台服装又是生活服装。对于观众，影视服装像舞台服装一样位于表演区域之中，而对于剧情，它则处于一种再现的生活环境之中，所以它必须真实反映影片故事的时代背景，同时还要符合观众的审美观念和时尚元素。因此，可以说影视服装既是舞台服装和生活服装的结合，又是历史与时尚的融合。反之，如果在影视服装上出现疏漏，就会使作品失去严谨性和可信性，就会直接影响作品的艺术质量。因此优秀的服装设计将对影视作品的成功起着重要的辅助作用。

二、影视服装的特点

在性能上看，影视服装与舞台服装一样，其应用与处理即设计与穿戴完全依据剧情需要而为之。舞台剧受到舞台空间的限制，在舞美设计上，只能在现有的空间中做文章。观众同演员有一定的距离，观众是通过自己的"主观蒙太奇"来调节舞台的画面，而影视只能是观众自己接受"客观蒙太奇"的强行调节。由于舞台剧具有以上特点，所以在布景、道具、灯光、服装上都要进行较大的夸张处理。影视服装就不能采取舞台剧的方法，除戏剧片的拍摄外，主要还是追求人物的生活化与写实性，其逼真程度要求得很高，过分的夸张将会失去真实感。

在色彩上看，由于技术的原因，影视片在服装色彩的使用上往往会受到电影胶片和电视磁带感光因素的影响，所以服装设计式样的学习和掌握相关的知识，应了解胶片色彩的运用。在色彩的具体体现时，首先要考虑"胶卷色彩还原"之后的效果，因为这与眼睛的直觉往往是有差距的。例如：群青、钻蓝颜色的面料直观时，感觉已经具有一定的"灰度"，色彩也比较舒服，但拍摄以后，胶片上往往会感到颜色很鲜艳，会使整体画面出现不协调的感觉。所以，熟悉了解这些常识，正确把握好服装彩色的"还原"效果是很重要的。服装色彩的另一个特点，即色彩是作为艺术的情感要素，也是影片塑造人物性格的造型语言。根据人们的心理、生活的习惯，民族、宗教、社会原因，不同色彩被赋予了不同的含义。如红色象征火焰、鲜血，在政治倾向上则象征暴力与革命，并且

有强烈的跳动感；白色象征纯洁，黄色象征高贵，蓝色象征理性与安宁。对于这种种规律，服装设计师如把握与利用得当，将会很好地烘托画面的气氛，刻画与揭示人物性格。影片《罗马大帝》运用服装色彩刻画人物内心的手法就极为独到：暮年的奥古斯都·凯撒以稳健的中灰色粗质毛麻服装为主基调，年轻时的他一直以冷静的深蓝色装束为主，在追随舅父凯撒以后，他的身上几乎没有离开过各种不同的红色，而根据人物情绪、情感、戏剧情节、气氛等，这些红色又有不同的象征意义。同是一个人物，灰色的沉稳、厚重、成熟、衰退与红色的激情、暴力、欲望、年轻形成了互为对比的色彩，对人物凶蛮、雄心、睿智、伟业等赋予了象征的意义；而影片中的另一个人物，奥古斯都年轻时的恋人、后来的妻子丽维亚在老年时期的穿戴几乎就没有离开过黑色，这些表面上看似深沉低调的色彩，却是躁动与扭曲、阴暗与诡异的复杂人物性格的暗示。另外人们在对色彩的感觉中，对颜色的冷暖感受最为鲜明：冷色趋向于抑制，使人感受到收缩、退却、宁静；暖色则容易引起精神上兴奋，使人产生活跃、扩散、突出的感受，因此在影视色彩的处理中，可利用色冷暖特性构成情绪色彩，并与其他的造型因素、声音因素相配合，表现出更为复杂的情绪含义。

以假乱真是影视服装的又一特点。由于要考虑到一部影片的制片成本，不可能也没有必要采用货真价实的东西来拍摄。设计师用自己的智慧和经验，能以最小的成本完成仿真的，在摄影机前不漏破绽的作品，才是最应该提倡的。影视服装的逼真性首先是要求服饰要符合历史、时代、民族、风俗的客观特征，要符合人物的年龄、职业、性格等个人特征，还要重视服饰材料的质感、肌理、图案等表面效果。做旧是影视服装"生活化"的具体化。影视服装要在总体设计上注重"生活感"，根据剧情和镜头景别的需要，服装上可能会有一些特别处理，根据要求必须在很多细微的地方贴近生活。如服装上面的污迹、磨损、漏

洞、针脚等，都会对人物的身份、处境有所暗示或揭示，在场景与人物结合时更具有环境效果，所以，恰到好处的"做旧"是必不可少的。如战争场面，服装就必须要有硝烟迹、血迹；田间和工厂中劳作的人们在服装上都要出现不同程度的"做旧"。目前，在处理上，往往都是运用洗、磨、擦、化工漂染、喷绘等处理手法。

三、影视服装的功能

1. 时代与社会的表现与再现的功能

每一部影视片都有时代背景，都是一个时代的缩影，都是一个特定时期的画面体现。每一套装束的穿戴也都有那个时代的印记和特征。奥古斯都·凯撒在皇宫里虽然身着粗糙的毛织披风和粗麻长衫却不失古罗马服装风格的特征；而在街市或广场上，那些由于服装特有的色彩和着装方式所形成的硬朗、挺括、理智的形态，不得不让人想到古罗马的那段辉煌。在电视剧《本家兄弟》里，可以明显地看到现代生活的气息（图68），而兽皮裹身、树叶遮体，不禁让人们猜到那一定是在茹毛饮血、草木为食的远古时期。一部影片如能在服装的运用上做到严谨、细致、考究，将会起到烘托或再现影片中历史真实和时代风貌的作用。

2. 在场景氛围营造上的功能

影视服装不但能塑造剧中人物的个人形象，还是概括影片所在的时代背景最有利的工具，只有这样才能展现出独特风貌的服装文化形态和内涵，才有可能为影片烘托气氛，给人以视觉冲击力，为故事的发展进行渲染和铺垫，以突出和揭示影视剧主题。《罗马大帝》在影片的开始便运用人物、场景和道具做了大手笔的处理：奥古斯都·凯撒躺在病榻上，惨白的面庞、惨白的头发、惨白的枕头、惨白的衣服，在黑色背景的映衬下，高度反差，画面醒目，令人震撼；

图68

这位罗马大帝奄奄一息，他那迷茫的眼神几经失去了往日的犀利与威严，似乎渴望却又不忍离去，他用最后的力气说道："我在这场名叫生活的戏里演得称职吗？我演得称职吗？请鼓掌吧。"他的女儿，他唯一的、对他又爱又恨的女儿将一副面具盖在他的脸上。这白色和黑色的高调处理，让人不禁想要知道那黑白之间的色彩，那个伟人多彩的生命历程，那即将拉开的戏剧人生的大幕。真是一个让人不得不看下去的开始，一个意味深长的开端，一个震撼心灵的起点。影片在另一处的处理也为营造环境的氛围起到举足轻重的作用：当菲利皮战役打败了谋杀朱利叶斯·凯撒的对手后，罗马形成了三人鼎立的"三巨头政权"局面。三巨头之一马克·安东尼带着几乎所有的陆地军团和海军得意地去了埃及，此时的画面气势宏大，色彩明艳，而这明艳的场景正是由群众的服装所营造的；同样，当奥古斯都·凯撒面对被战火摧毁、满目疮痍的破旧罗马城和饥寒交迫的人民时，民众的服装是晦暗的（图69），而奥古斯都身上那件红色服装在这时出现，却又好似给予民众的一线希望，红得是那样温暖、灿烂（图70）。一部成功的影视剧给人留下深刻印象的，往往不仅是影片本身的情节，还包括影片震撼人心的画面和演员营造的气氛，要达到这些效

图70

图69

果，影视服装当然功不可没。

3.在人物个性和形象塑造上的功能

服装作为角色出场时，观众接受到的最直观的元素，它对人物形象的树立与深化所起到的作用，是其他手段所无法比拟的。梅塞纳斯在《罗马大帝》中是辅佐奥古斯都的挚友之一，他性情活泼、思想敏锐、语言幽默，在参与朝政之前，他的服装对人物性格的塑造和不同人物的典型化就有着特别的处理。如在他与另一位好友阿格里帕一起陪同奥古斯都去希腊接受训练时，也是他的首次出场，他就是一副很滑稽的装束，伴着他那夸张的动作，以及后面的色彩略显

鲜艳，质地略显飘逸的服装，怎么都会感到此人的轻浮，然而，恰恰相反，梅塞纳斯却是每每于重要时刻，都是最勇敢、稳健、坚定地帮助他的人。这种服装与人物性格的逆差处理不失为一种高明的手段，也使得这个人物在片子中也很有光彩；当奥古斯都在希腊训练时得知舅父被害，他惊愕了，同伴梅塞纳斯披在他身上那件红色的披衣卷裹着他战栗的身体，让观众感受到他那发自心底的痛楚。画面上，隐约出现凯撒王被刺杀的幻境中的鲜血，与奥古斯都身穿的红披衣糅成同一个血腥与惨烈的画面，也意味着在主人公的性格、生活、生命里都将与红色结缘，从此，红色变成为奥古斯都青年时期服装的主调。影视服装设计师如能依据影片的类型与题材，结合剧本所给出的特定时代环境、文化背景，从人物性格多方位、多角度进入，运用影视服装这一艺术手段将能塑造出鲜活的人物特性。

4.在画面视觉表达上的功能

在影视艺术中，服装除了用极强的视觉效果冲击我们的感官以外，同样也起到创造和修饰影片画面效果的作用，所以影视剧中的服饰造型设计对影片的成功与否起着相当重要的作用。我们知道，色彩、款式

和面料是构成服装的三要素。服装色彩是影视服装的灵魂，它与场景的色调和空间一起构成画面的总体基调和单元场景的色彩关系。画面上的色彩关系就是指人物服装的色彩在场景空间内与场景色调的关系，在场景空间内人物与人物服装色彩之间的关系。这种关系或协调或反衬，或以人物为主，或以景，物为主，或是补充整理画面的一个色斑、一个色块或是一条彩线，它们随着故事的发展、情节的变化、人物的情感、影片的情绪而成为影视画面中一个最有动感、最有活力的色彩元素。然而，这些都要取决于创作人员的追求和剧情的需要。对于影视服装色彩的要求，自然比现实服装要求更高、更完美、更具感染力和艺术魅力，因为它除了可以表达人物的内心情感、性格特征以外，同时还演绎着整部影片的色彩基调和风格。全总文工团影视艺术中心拍摄的《大船之神》是一部描写我国造船工业的电视连续剧。此剧在场景与人物的画面处理中就有许多精到之处，将大海、大船和怀有大志的人编织得非常精美，讴歌了我国现代造船工人科学、进步、自尊、自信的精神（图71）。

在影片《红高粱》中有一个很讲究的画面：一群赤裸上身、披着红光的轿夫和吹鼓手们，脚踏黄土，抬着花轿在红色的高粱地里尽情放歌、放纵；轿里，即将新婚的农家女九儿一袭红装：红袄、红裤、红盖头……画面笼罩在一片红色之中，连空气都浸满了红了。这本应是一个喜庆的事件、幸福的时刻，而嫁给一个病夫的事实却给人们心中罩上了阴影，尽管那红色是美丽的，姑娘是美丽的，但在这美丽之中让人感到窒息。在这里，人物、服装、道具都统一在同一的色彩气氛之中，达到了画面追求的那个极度的唯美效果。在影片《罗马大帝》中，奥古斯都与他的随从梅塞纳斯和阿格里帕从罗马来到希腊，美丽的海岛使我们看到了蓝色的海、赭黄的礁石、红色的毯子铺在地上；奥古斯都与阿格里帕身穿米灰色的服装，佩戴棕红色的皮护甲，与红色的毯子在统一的色调中显得极

图71

为协调，而梅塞纳斯那件宽松自在的天蓝长衫正好呼应了大海的颜色，使人物与自然全部有机地交融在一起，构成了一幅天人合一的美艳图画。

四、影视服装设计的差异

电影、电视服装虽然在很多地方有相同点，但是由于各自的传播载体不同，如电影屏幕很大，观看时很具体、细致；而电视是作为家庭的娱乐工具，画面大小有限，所以在服装的设计上要考虑各自的特点。电影服装需要图案具体，色彩沉稳，材质准确，工艺精准；电视就需要在中、近景上多考虑，上半身的设计上要具体，要注重服饰的整体感，因为电视屏幕较小，不可能把什么都放得很大。所以，各自的特点把握得好，就能发挥最大的优势。

第四节 ///// 舞剧、舞蹈服装设计

舞蹈是一门动作艺术，舞者通过有节奏、有组织而又优美的身体各部位的系列动作、手势，舞姿的动态或相对静态的造型语言来表现人物、动物、植物等事物的情感、情绪、情态，表现事物内容、情节。《诗经·大序》中说："情动于中而形于言；言之不足故磋叹之；磋叹之不足故咏歌之；咏歌之不足，不知手之舞也足之蹈也。"由此可见，自古以来，人们就认识到：舞蹈是人类抒发情致的最高表现，是人类共通的形体语言与心灵感悟。

一、舞蹈之源

舞蹈艺术的产生大概要追溯到久远的年代。我们知道舞蹈是表达情感的方式之一，人有喜怒哀乐、七情六欲，这些情感的传达、表达和宣泄除了通常所用的语言和声音之外，也常伴有身体动作和手势，当然，这种纯粹的辅助情感的动作我们还不能称其为舞蹈。在原始部落里，舞蹈具有全社会性，在当时组织散漫和生活不安定的状况下，需要有一种社会感应力使大家聚集在一起，舞蹈就是产生这种感应力的重要手段。不论是狩猎还是战争，都是整个部落一起行动，所以原始舞蹈具有集体性。由于先人们对于客观世界认识的局限，认为一切自然物象都和自己一样是有灵魂的，由此而产生了图腾崇拜、原始宗教、巫术祭祀等，而这些活动都离不开舞蹈，甚至舞蹈是巫术活动的主要内容和最主要的表现手段。当人类的祖先们狩猎劳作了一天，围着熊熊篝火，享受着自己的猎物和采摘的果实，禁不住欢乐起舞时；当先民们庄严地望着祭坛上的牛头羊首，郑重起舞祭拜时；当巫师头戴面具，由声音和形体动作的结合而展示那神秘的巫术时……对于那些原始舞、祭祀舞、面具舞，就不能不承认它们便是舞蹈艺术之发轫。

我们的祖先在五千年前留下的舞蹈者的形象，从青海省大通县孙家寨出土的"马家窑文化时期"的舞蹈纹彩陶盆就可以清晰地看到。彩陶盆内绘有舞蹈纹，舞人共分三组，每组五人，并肩携手，踏歌跳舞，排列整齐，动作一致。相邻两组人物之间用内向弧线纹、柳叶纹分隔。舞人头面向右前方，左腿向左前方跨出，似乎正在按节拍翩翩起舞。人物头饰与下部饰物分别向左右两边飘起，增添了舞蹈的动感。更奇特的是，每组外侧两人的外侧手臂均画出两根线条，好像是为了表现空着的两臂舞蹈动作较大和摆动频繁。在目前发现的彩陶器物中，这是第一例描绘先民集体舞蹈活动的场面，为研究我国原始社会的音乐和舞蹈提供了宝贵的实物资料。从这件陶器上（图72），我们能形象地看到原始舞蹈的素描。随着社会生产力的发展，人类的进步，在一些民俗礼仪、节日庆典、娱乐消遣、交际活动中，那些形式简单、内容单纯、大众参与的自娱自乐的民间舞蹈不断产生，以至发展为后来的古典舞、民族民间舞、宫廷舞、芭蕾舞、现代舞等独特的舞蹈艺术形式。

图72

二、舞蹈艺术的特征

我们说，舞蹈艺术源于生活，源于劳动。但舞蹈之所以称其为艺术，必须具备如下特点：在一定场合中由舞蹈者进行表演的，为反映各种人生内容、客观世界而创作的连贯动作；要塑造鲜明生动、典型深刻的舞蹈形象；要有属于本作品而特有的独立语言形式和表达形式；要在舞蹈形象的塑造中集中表现特别的情绪、情感、情调；要有思想性和娱乐性，而它们来自于舞蹈艺术语言深刻的感染力，来自于它所揭示的内容在观众心灵中引起的精神共鸣，来自于它内在的思想力量、情感力量对观众心智的感动和激发。至少具备了以上的特点，才能称为舞蹈艺术。

舞蹈艺术是人体动作的艺术，是一种人体文化，它是由身体的翻转、扭动、摆动，各部位关系的协调变化，形体对空间的分割等舞蹈语言所构成。特殊的情感是以特殊的形体表现出的特殊动作进行体现。舞蹈虽然是人体的艺术，但人体动作的艺术并不完全是舞蹈，如杂技、艺术体操、武术等都属于人体文化的范畴，它们和舞蹈虽然都是以人体动作为主要物质材料和表现手段，但它们又有着各自的社会作用和形式特征。如杂技往往是以常人难以达到的高难度技巧或惊险的动作展现出表演者的高超技艺和勇敢坚毅的品格，从而给人感官和心灵的刺激而产生的愉悦；体操重在表现人体的健美、伶俐、弹性和人体韵律；武术尽管近年来已频频登上舞台，作为技艺展示而亮相，但健身、自卫、护卫以及灵活机智仍是其主要特色。而舞蹈从人体动作的进化，使其具有舞蹈品格必须经过两方面的过程，即人体动作只有经过合规律与合目的性的发展，才具备了舞蹈艺术的属性；经由节奏化、律动化、造型化、规范化处理的人体动作才有可能成为具有舞蹈形式美的舞蹈动作；经过规律化整理后形成的舞蹈动作如果能够起到表达思想、抒发情感、展示心灵、刻画性格的作用，这就是合目的性的

发展（在艺术实践中这种合规律性与合目的性的发展常常是同步进行的），这时所产生的具有舞蹈艺术属性的舞蹈语汇，才能真正用作进行舞蹈形象塑造的工具和手段，舞蹈作品也将在此基础上萌生。

三、舞蹈服装的设计理念

正因为舞蹈艺术的产生、发展、变化有其自我特性，舞蹈这一艺术形式才具有区别于其他艺术之特征。在舞蹈形象的塑造上，也就有了自己的要求与规则。舞蹈服饰的基本创作理念是：最大限度地配合舞蹈者展示人体的造型美；在符合造型理论的基础上最大限度地提炼、概括、简洁舞蹈服饰的造型样式；在达到配合舞台环境的目的后最大限度地简化服饰的色彩；在确定了人物性格的基础上，服饰要最大可能地强化舞蹈动作的效果。舞蹈服装不同于生活服装，生活服装的使命是美化生活和完成自己的实用价值；舞蹈服装也不等同于戏剧服装，虽然其艺术使命是一致的，但由于艺术形式不同、展示方式不同、欣赏方法不同，都使得舞蹈服装在其外形和材料上与戏剧服装存在差异。舞蹈服装的设计一定要有意识强调人体本身或秀丽或健壮的美感，因为它是直接利用有生命的人体作为构成形式美的物质手段，人体是舞蹈美的物质基础，所以舞蹈服装款式会相对开放或直接暴露演员的身体及四肢，而直接展示演员的人体美。舞蹈服装无论是用以塑造个别还是群体的形象，在设计理念上都不同于其他任何一种艺术形式。

四、舞蹈服装的审美

舞蹈服装在造型样式上的简洁、浪漫、写意与夸张是舞蹈服装之重要特点。简洁的服装给人以轻松的心理感受，让人全身心地投入对舞蹈艺术语言的解读与欣赏；浪漫的形式可以起到烘托舞台整体氛围的作用，因为舞蹈总是唯美的、如诗如画并充满意境的；舞蹈服装的造型可谓丰富多彩，它可以跳跃时空

包罗万象，刻画角色形象的服装除了要以真实生活服饰作为创作依据之外，还要从中加以提炼，在讲究形神兼备的同时更重视其神似，神似在于捕捉对象的神韵和本质，这便是它的写意性；另外还有夸张的另类服装。写意与夸张是舞蹈服装设计的最重要的创作手法，夸张是指放大或延展服装的某些部位，如衣袖的加长能使舞动时产生强烈的舞台空间动感效果，如我国民间的"长袖舞"，其表演构成美妙的画面；还有根据作品题材的不同，有许多作品是模拟动物、植物和景物造型特征的仿生设计的服装，这一类服装也是要抓住表现对象最典型的特征进行适当的取舍，这也是舞蹈服装中很有创意空间的特有类别。

色彩单纯与明快是舞蹈服审美的又一特点。舞蹈动作是舞蹈艺术唯一的艺术手段，舞蹈动作使身体的局部与全部都是传情达意的载体。舞蹈始终处于大幅度的动作、快节奏的运动状态。通过舞蹈的动作带动服装形成新的造型形态，这样舞蹈服装便具有动态美。色彩的合理运用所生成的整一与明快，会让观众更明确更清晰地欣赏动作艺术。

舞蹈服装材料的运用有着直接揭示作品整体风格、表现人物身份与性格和烘托演出气氛的功能。舞蹈服装材料的种类、质地、透明度、悬垂度、弹力、光感等与普通服装材料自身就有很大区别。如丝绸、软纱类的面料轻薄悬垂，舞动起来很有飘逸感，用于突出古典舞的优美和写意的效果；硬网纱可以做夸张放大的造型和大体积造型的内填充；用有弹力的材料制作的紧身服既能很好地体现人体的曲线，其面料的高弹性能又可以让身体的每一个部位的运动都不会受阻；而自带光泽的材料本身就具有别致的视觉效果，其发光的质感带给人们不同的心理感受。

五、舞蹈服装设计的种类

舞蹈的种类与形式有很多，如习俗舞蹈、祭祀舞蹈、社交舞蹈、自娱舞蹈、体育舞蹈等，这里只涉及艺术舞蹈。艺术舞蹈因不同的艺术特点和表现形式可分为两种类型。

按照舞蹈不同形式风格的特点，其舞蹈服装有如下分类：

1.古典舞服装

古典舞是在民族民间舞蹈的基础上，经过长期整理、加工和创造，并经过长期的艺术实践后保留传承下来的，它被认为是具有一定典范意义和古典风格特点的舞蹈。世界上许多国家和民族都有本土独特风格的古典舞蹈，欧洲的古典舞蹈一般泛指芭蕾舞。

中国古典舞创作极为强调"内外结合、形神兼备"的身韵，"身韵"即"身法"与"韵律"的总称。"身法"属于外部的技法范畴，"韵律"则属于艺术的内涵与神采，它们二者的结合，体现出中国古典舞的风貌及审美的精髓。中国古典舞不同于芭蕾舞那种处处为了展示最优美的身体线条而动作的理念，它在任何动作过程中都要求用意念明确、气息通达、神情饱满的状态去表演，所以"形、神、劲、律"的高度融合是中国古典舞身韵的重要表现手段，它们作为身韵基本动作要素，高度概括了身韵的全部内涵。这也是中国古典舞之特色。这就要求表演者要全身心投入状态，要有丰富的情感体验和造型意识，然后把呼吸和运动自然地带入身体中，构成一种以形表神、以神带形、形神兼备的舞蹈艺术。为此，作为有历史资格，积淀了特定民族心理、民族意识、民族特点、民族习惯和表现了民族气质的中国古典舞，其风格的主要支撑点不在于那些特殊的姿态和外形，而在于倾注于动态中的节奏、气韵、劲道和力度。古典舞的表演则更是强调表演者对于意念、呼吸、情绪、造型的掌握。

中国古代画论中常讲"意在笔先，画尽意在"。古代文人落笔时常说"气从意畅，神与境合"。这些都是指进入艺术创作之前要进行心理准备，要有丰富的想象，要领会意蕴，然后以意贯之于外，落成自然之笔。可见，古典舞在这方面与中国古代美学思想之精华一脉相承。

舞蹈服装源于生活，我们的先人就是这样一路走来的；它的渊源可以追溯到中国古代宫廷舞蹈或更为遥远时代的民间舞蹈。在我国歌舞伎艺的发展史中有一段漫长的歌舞百戏时期，大约从秦汉时代就开始了。当时扮演人的服装与化妆，从信阳长台关战国时期的大墓出土的锦瑟漆画古代歌舞人形，以及汉代的石刻和壁画上可以看到与当时生活服装较为接近的具体形象；唐代是古代经济、文化、艺术发展的繁荣期，其舞蹈服饰形象也可以在敦煌壁画《张议潮出行图》里看到，舞者的衣色各不相同，头上束有锦袋，裤子的花色也不同；《虢国夫人游春图》中，女舞者梳高髻，穿不同颜色的长袖窄衣，腰系锦裙，肩披彩绸……从壁画里可以看出，舞者的装扮也基本是模仿生活服饰，这可能是当时的风格之一，姑且我们叫它做写实风格；此外，我们的祖先同样懂得艺术要高于生活，在描述《光圣舞》时就有这样的记载：舞者八十人，戴乌冠，穿五彩画衣；《景云舞》，舞者八十人，戴绿云冠，花锦为袍，穿黑皮靴；最有代表性的当属唐代大诗人白居易在《霓裳羽衣舞》中对舞者装束的描绘：

我昔元和侍宪皇，曾陪内宴宴昭阳。千歌百舞不可数，就中最爱霓裳舞。

舞对寒食春风天，玉钩阑下香案前。案前舞者颜如玉，不著人家俗衣服。

虹裳霞帔步摇冠，钿璎累累佩珊珊。娉婷似不任罗绮，顾听乐悬行复止。

由以上诗句可以分析出霓裳羽衣不是日常生活中的服饰，它是一种特制的舞衣，这种特殊服饰结合舞蹈动作展示出极为动人的姿态和形象。到宋、元、明、清时期，歌舞、杂戏、戏曲将服装演绎得更加绚丽多彩，尤其是戏曲中的舞蹈服装的样式、色彩、纹样都更加新颖。新中国成立后，中国古典舞突破了戏曲常规的局限，以大幅度的身体运动把古典舞翻新成可以挥洒自如的表现思想和激情的人体语言，服装也随着形体的动作性而大有调整，标志着中国古典舞的发展已经进入了崭新的时代。

在舞蹈服装的变革上，历代人都是从不守旧的，每一个历史时期都做出明确的反应，这也许是人类对于服饰审美心理的共性。当今，我们从事服饰设计的工作者们也必将自觉地遵循这一必然法则。实际上，作为古典舞服饰创作时所涉及的最突出问题就是如何尊重历史，提炼和发扬传统服饰之精华，保持东方民族服饰艺术之特色，用现代人的思维，现代人的手法，现代的技术手段，做给现代人看，并将其传承给后代。我们知道，由于历史、文化、地域、礼教、观念等原因，从各方面遗留的资料可以看出，我国传统服饰与现代服饰其最大的特点是"繁"（尤其表现在上层统治阶级）。"繁"包括服装层次的繁多、配件饰物的繁多、色彩种类的繁多、图案花边的繁多。似乎只有这些"繁"才能显示出富有、华美、高贵和权利。鉴于这些传统意识，使得我们今天在重现古典舞的服装时，总会觉得谁也舍不得，谁也丢不下，挑挑拣拣到头来还是看着繁复。尽管古典舞的表现形式是以情动人，尽管中国人是以清逸、庄重、典雅的气质而闻名于世的，但过于复杂的、过于接近古代历史和生活的服饰无论如何会对舞蹈这种动作艺术产生妨碍和影响的，舞蹈毕竟不同于戏曲和戏剧。

在我国传统绘画和戏曲艺术中，从来就不把模拟对象当做艺术表现的目的。"以形写神""借物抒情""妙在似与不似之间""气韵生动""外师造化""中得心源"等这些民族美学观念，是我们搞好服饰造型的重要理念与指导。在设计中应不为对象固有的原始形态所束缚，不计较于对象细琐部位的绝对精准性，打开思路，大胆选择与取舍，这种理念创作的形象虽然会丢弃默写客观存在的固有形态，但是也更加突出地表现了对象的本质特征，从而使艺术形象与生活形象之间产生"似真非真，非真更真"的效果。

2.民间舞服装

民间舞最初是存在或流行于大众日常生活中的娱乐性舞蹈。它的基本特点是在当地具有普及性、日常性、群众性、娱乐性。它渗透在大众的生活中，其形式简单，内容单纯，大多场合都是民众直接参与，共同娱乐。如我国北方流行的秧歌，汉族的狮子舞、龙舞、绸舞，流行于蒙古族的安代舞，藏族的锅庄，苗族的芦笙舞等。

民间舞这一艺术形式是在人类的劳动、生产、生活中产生的，它曾在大众中广泛流传，由于不同的民族与地区人们的生活、历史、风俗以及自然条件的不同而具有鲜明的民族风格与地方特色，所以也形成了舞蹈风格的多样化。"采茶灯"是我国汉族民间舞的形式之一，其表演方法是舞者左手提茶篮，右手持扇，载歌载舞，内容多是表现采茶的劳动场面和劳动节奏；云南是孔雀的故乡，傣族人民把孔雀当做吉祥的象征，并以跳"孔雀舞"来表达自己美好的愿望，舞蹈也多为模仿孔雀的姿态，再加上服饰的特别性，形成了孔雀舞特有的舒缓、优美的节奏与动律；"象舞"是斯里兰卡的民间舞蹈，大象是当地人喜欢的动物，舞蹈模拟大象的动作，刻画了大象庄重的步态、灵活的鼻子和洗澡、饮水和吃食等动作，并且舞蹈者始终保持半蹲的姿态，动作大而有力，用腰部的力量带动身体转动，极具自己的特色。所以说民间舞蹈来源于劳动和生活。民间舞又是舞蹈艺术发展的重要基础和渊源，比如"华尔兹"就源于德国农村的民间舞。这些民间舞先是进入宫廷，与欧洲的宫廷贵族生活和文化结合，变成了宫廷中男女交际的集体舞并追求华美优雅的风格；"伦巴"原本是来自于非洲苏丹黑人的民间舞蹈，传入古巴后在民间发展为男女双人对舞的"斗鸡"形式的伦巴，进入城市后形成交际舞形式的伦巴；印地安人和黑人淳朴、稚拙、豪放的民间舞蹈，不能不说对于"爵士""迪斯科"等现代舞的形成起到了重要作用。综上所述，我们可以看出民间舞同本土文化、本土生活与习俗密切相关，从而也形成不同的民间舞蹈特有的语汇。

3.芭蕾舞服装

在欧洲古典舞蹈通称为芭蕾舞。芭蕾舞是一种用音乐、舞蹈和哑剧手法来表演具有人物和简单戏剧情节的舞蹈，女演员舞蹈时常用脚尖着地，它最初是一种群众自娱或广场表演的舞蹈。如果说高雅美妙的芭蕾艺术之产生与吃喝玩乐有关，似乎略带贬义，但也绝非毫无典据。最早的芭蕾表演出现在宫廷宴会上。15世纪末在意大利的一个小城里，为了给米兰公爵和西班牙阿拉贡公主伊达贝尔的婚礼助兴，穿插了一种表演，其形式与今天的芭蕾舞大相径庭，它的每一段表演都采用诵、歌、舞的不同形式并且几乎都与所上的菜肴有所关联：比如当有人情绪投入地朗诵道到与水有关的"神怪"出场时，便开始上鱼吃鱼；当模仿演绎狩猎的场面时，就开始上肉吃肉。再接着，许多神话人物的装扮者依次上场献上道道美味佳肴，气氛甚是热闹，最后客人们便也兴奋地、不自觉地加入到狂欢的表演中去了。这便是把歌、舞、朗诵、戏剧表演形式综合起来的"宴会芭蕾"，后人也称它为芭蕾的"雏形"。

意大利的"芭蕾"被传到法国，是随着意大利贵族与法国宫廷的通婚进入的，并于17世纪形成于法国宫廷。这种"宫廷芭蕾"是一种有主题但结构松的舞蹈、歌唱、音乐、朗诵和戏剧的综合表演，由专人设计，国王和贵族担任演员，演区设在皇宫大厅中央，观众则在周围观看。法国芭蕾发展的鼎盛时期是路易十四时期（1643—1715）。这与路易十四对舞蹈的偏爱有直接原因，他15岁时参加了宫廷芭蕾《卡珊德拉》的演出，并扮演阿波罗神；还在18岁时在巴黎创办了世界第一所皇家舞蹈学校，确立了芭蕾的完整动作和舞蹈体系并一直沿用至今。在17世纪最早的芭蕾舞中，演员按照传统都穿有后跟的舞鞋。男演员穿一种撑有金属丝的裙箍、外套锦缎之类材料的短裙，形状类似现代的芭蕾短裙服装；女演员则穿着笨重的宫廷戏装，带有精心制作的裙裾，戴着假发和首饰。男演员和有的女演员戴具有人物性格特点的皮制面具。

18世纪初，法国舞蹈家玛丽·卡玛戈作了极为大胆的服装变异，她将女舞者的曳地长裙剪短，确保了她们能够轻装上阵，开始使用没有后跟的舞鞋，并且穿着紧身的内裤，以便复杂舞步的展示；这时的演员跳舞时由厚重的宫廷戏装改穿为朴素的薄纱舞衣，简洁了发型并取消了面具，促使芭蕾的表演风范和肢体美学能够轻盈飘逸地进入随后的"浪漫时期"，因而成为芭蕾大师J.G.诺维尔改革的先行者。25年后，诺维尔废除了假面具，并且成功地使剧装的各个细节都与整个作品和谐一致。18世纪欧洲启蒙运动影响着法国芭蕾的发展，其革新思想表现在：反对把芭蕾当做供贵族消遣的奢侈品；让芭蕾像戏剧一样，表现现实生活。诺维尔在当时是芭蕾史上最有影响的舞蹈革新家，他首次提出了"情节芭蕾"的主张，强调舞蹈除了形体的技巧外，还是戏剧表现和思想交流的工具，他的理论推动了芭蕾的革新，在他与演员共同努力下，芭蕾从内容、音乐、舞蹈技术、服饰等方面都进行了大幅度的改革，并使芭蕾从歌剧中彻底分离出来，形成一门独立的舞蹈艺术。

到了19世纪，在浪漫主义思潮的推动下，芭蕾舞从形式到内容都发生了根本性变化。神话、传说、仙女、精灵等故事成了芭蕾创作的主要题材。足尖舞的技巧成为女舞者表现手段的一个重要因素出现。这种技艺在视觉上将舞蹈者身体拉长，并表现了舞者轻盈浪漫的体态与追求美好理想的情绪。《仙女》《吉赛尔》《爱斯梅拉尔达》《海盗》等都是这一芭蕾发展

史的黄金时代的经典之作。19世纪末，世界芭蕾艺术的中心由法国转到了俄罗斯。柴可夫斯基作曲的《天鹅湖》《睡美人》《胡桃夹子》等芭蕾在俄国和各国相继上演，并成为世界舞坛和乐坛的不朽之作。浪漫风格的舞蹈配以浪漫的芭蕾舞裙，至此，芭蕾短裙成为标准芭蕾服装。20世纪，现代舞面世。将现代舞与古典舞的技术相结合为主要表现手段来传达作品内容或情节的则称现代芭蕾（图73、图74）。

芭蕾舞在中国上演的第一个剧目是《天鹅湖》，那是在1958年。这一美轮美奂的舞台艺术形式来到我国的时间比它的诞生晚了三个多世纪，虽然起步较晚，但是发展很快，半个世纪以来，乐于在这方土地上耕耘的艺术家们早已尝试了古典、现代、民族等不同芭蕾形式的学习与创作，并以对现代芭蕾、民族芭蕾的独到理解与创新，在世界舞坛中独树一帜。

图73

图74

芭蕾舞的服装从初始到今天，变化很多也很大，并且越来越多样化。其经典剧目由于不同时期、不同编舞的不同追求，在服装上也出现了细节的变化。新剧目和作品的诞生往往也伴随着新款舞台服装的出现，不同国家和文化背景下编排的作品也带有独特的服装风格。但其服装的最大特点是它的性格化与唯美性，这一点也许可以叫做基因遗传，因为除了现代舞以外，无论是"宴会芭蕾""宫廷芭蕾"，还是"情节芭蕾""浪漫主义芭蕾"，都主张和保留了舞蹈的故事性、人物的性格化，并且无一不是按照时代的审美特征而作的。所以芭蕾服装依据不同的风格追求，还是以最大可能地适合演员舞蹈、最大幅度地展现形体之美、最有效地造就视觉轻盈感、最完美地塑造舞台人物为设计的宗旨。

4.现代舞服装

现代舞是一种与古典舞相对立的舞蹈派别。现代舞的主要美学观点是反对古典芭蕾的因循守旧、脱离现实生活和单纯追求技巧的形式主义倾向，抛弃其神话传奇题材的故事和过于僵化的动作程式的束缚，以合乎自然运动法则的舞蹈动作，自由地抒发人的真实情感；强调舞蹈艺术要反映现代社会生活、现代人的情感；在哲学心理学背景上受到现代心理学的重大影响；在艺术形式上受到立体派、表现派和野兽派等抽象艺术的影响，表现了人体运动的最大可能性。它的最鲜明特点是反映现代西方社会矛盾和人们的心理特征，故称为现代舞。美国现代主义舞蹈家海伦·汤米尼斯概括现代舞的与众不同之处在于："不存在普遍的规律，每一个艺术家都在创造自己的法典。"

美国舞蹈家伊莎多拉·邓肯是第一代现代舞的奠基人，她主张把舞蹈建立在自然的节奏与动作中，提倡身心解放和自由的舞蹈原则，于是她抛弃了芭蕾鞋和短裙，宽衣赤脚地挑起自己的舞蹈。她几乎要将身体解放出来，将舞蹈从一种单纯的娱乐工具升华为一种艺术形式。自此，舞蹈不再是仅限为少数人的寻欢作乐而奉献的华丽表演，它从本能的舞蹈节奏出发，用非常自由随意的形体样式去表现人类，表现自然中、宇宙中存在的千事万物的运动、形态、情绪、情感等。现代舞摒弃了神幻飘仙，回归大地，回归自然，回归于向往已久的原始淳朴和自然纯真，并通过这种自由自在的方式传递着抽象的意念。通过演员的形体表演、观众的形象联想，将作品的内涵推进得更深远、塑造得更饱满。

现代舞的发展也派生了不同的流派与技巧，如心理表现派、象征派、人本主义、放松技巧、何顿技巧等，在表现内容上则认为人类既然有美有丑，有爱有恨，有善有恶，那么舞蹈就不能只是赞颂美好和善良，也应当表现罪恶、悔恨和嫉妒，所以特别强调运用舞蹈把掩盖人的行为的外衣剥开，"揭露一个内在的人"。如英国过渡舞蹈团表演的《我们不知自己在说什么》，运用聋哑人的手语，把手部的各种造型和姿态贯穿于舞蹈，作品呈现的欲哭无泪的痛苦与迷茫，欲呼无声的彷徨与期待，恰恰反映出社会中某个部分的人被压抑与扭曲的情感状态，其深刻内涵绝非用肤浅的几句话所能说清；美国犹他大学演艺现代舞团表演的《海生物》运用人体线条简单的律动以及舞蹈在空间的相互配合，形成了犹如海底生物们新颖别致、奇妙有趣的造型，也不失为现代舞的又一种探索与尝试。总之，舞蹈家在现代舞中追求的肉体与灵魂的结合，将身体动作发展为灵魂的自然语言，真诚地、自由地抒发了人所能体会和表达的事物之内在情感。

现代舞的发展在中国有着宽泛的定义和曲折的过程，真正崛起是于70年代末、80年代初。如今，以金星现代舞团、北京现代舞团、广州现代舞团的领军人物为主力军的中国现代舞的创造者们，以当代人的胆识与智慧、东方人的创造方式与理念、中华民族独到的哲学观与文化积淀，在世界现代舞发展的疲惫旅途上注入了新希望、新生命，其深远的影响将会在我国乃至世界现代舞的发展史中载入辉煌的篇章。

现代舞的服装有以抽象概括具象，或以具象表现抽象的多重自由选择的空间，所以也便有了极为抽象和非常接近生活的多样性风格。在许多作品中由于淡化了具体的人物、情节，甚至没有性别之分。其服装设计主要是以结合舞蹈的动作特点配合作品的情绪，以强化作品所要表达的内容，男女舞者可以穿同样的服装，做同样的动作，外形的同一化、抽象化让观众集中思维的感受与思考而获得心灵的一种启迪；舞者也可以穿不同服装，做各自不同的动作以渲染舞台气氛得到更多的心理感受；舞者甚至是无服装的人体造型，试图让观众直面人性的本真……总之，现代舞的服饰以造型简单、纯粹、少有装饰、风格与手段多样，材料极为适合于身体各个部位动作表现等特性而

图75

图76

成为现代舞服装本身之特点（图75、图76）。

5.当代舞服装

当代舞蹈是指20世纪50年代后的舞蹈创作和表演，它在作品选材上直指中国大众的当代生活与感情状态；它依据作品表现的内容和塑造人物的需要，不拘一格、不受限制地借鉴和吸收多种舞蹈流派的风格；它对于中国戏曲、民族民间舞蹈、欧洲芭蕾舞、西方现代舞中的舞蹈元素采取了兼收并蓄的创作方式和表现方法，在时间和舞种上比现代舞所容纳的内容

更加广泛。当代舞是不同于已经形成的各种舞蹈风格的具有独特新风格的舞蹈。

"当代舞"作为中国舞蹈的重要舞种，它是在"荷花奖"舞蹈比赛中第一次被正式提出并确立的新的舞蹈形式，它对于中国舞蹈的分类和发展具有重大意义。当代舞主要是对"五四"新文化舞蹈运动至今发展的总体认定，也是中国舞蹈家近代舞蹈创作实践的映照。

当代舞最重要的艺术表征就是追求"表现现实生活"的主题，这是一种有着博大胸怀和豁达气度的艺术形式品格，以如此广博的创作根基作为生长进步的铺垫，这将意味和决定了其发展的广阔空间和大好前景。"当代舞"在舞蹈形态、表现方法与创作与表演风格等诸多方面，存在有"多界面"、多层面的丰富体系，有如现代舞一样，其中流派风格倾向繁多，但这些并不妨碍它们共有的、共同遵循的美学原则，或许正因如此，才形成自己舞种特有的当代艺术风范。

当代舞的另一特征是它的通俗性。我们知道，现代舞主要就是抒发个人的内心情绪，由于现代舞是以较抽象的形式呈现，所以许多非专业的观众很难看懂，再加上舞台艺术有其解读性，观众早已习惯了对于舞台艺术的欣赏一定要弄个明白才有意义。在这里，我们要为现代舞的欣赏普及一点点概念。首先，现代舞是一种舞台视觉行为艺术，相对于其他舞蹈艺术形式，它没有相应的情节，也不代表具体的人物，而是侧重于艺术家内心的感觉、情绪的表现、情感的表达，并通过形体充分展现出来。我们欣赏现代舞不应去强调是不是看懂，是不是表达什么主题或者能不能接受教育，而应欣赏它通过形体所表达出来的美以及给你带来的那瞬间的感受。而当代舞则由于取材、描述、表现的都是现实生活中常见或熟知的事情，所以即使是普通观众也能看得懂，这也是使当代舞与现代舞区别开来的重要特征。

当代舞的服装与当代舞的特性很一致，它同样具有多层面、包容性、兼容性与极大的自由度。它的创作还是依据整体的追求风格确定，并且可以在古典与民族、传统与现代、写实与浪漫、抽象与表现等的各种服饰风范里，找到新作品的创作支点（图77）。

按照舞蹈表现形式的特点区分有独舞、双人舞、三人舞、群舞、歌舞、歌舞剧、舞剧等。

1.**独舞**：由一人表演完成的用以抒发人物的思想感情和揭示人物内心世界的舞蹈。

2.**双人舞**：由两人表演完成的用以直接抒发人物的思想感情和展现人物关系的舞蹈。

3.**三人舞**：由三人共同表演完成的舞蹈。其内容有表现思想情绪、表现一定故事情节或表现人物之间的矛盾冲突等。

4.**群舞**：四人以上的舞蹈都可称为群舞。多以表现某种概括的情结或塑造群体的形象。通过舞蹈队形的变化和舞蹈动作、姿态、造型的发展，能够创造出完美的舞台意境。

5.**歌舞**：是一种由歌唱和舞蹈相结合的艺术表演形式，其特点是载歌载舞、抒情叙事。能表现人物复

图77

杂、细腻的思想感情和宽泛的生活内容。

6. 舞剧：以舞蹈为主要艺术表现手段，综合了音乐、布景、灯光、服装、化妆、道具等舞台美术去表现具有戏剧内容、戏剧情节、复杂人物性格的舞蹈艺术作品。

六、舞剧服装设计实例

舞剧艺术是动作艺术、时空艺术、综合艺术。舞剧中的人物是直面观众的形象，他们用动作语言向观众传递角色情感、戏剧情绪、故事情节，通过这些交流、碰撞、展示，最后来完成自己的使命——用舞蹈艺术的语言和手法塑造典型环境中的典型性格。

舞剧的人物造型设计在理念上等同于戏剧人物造型设计，都是从最有创意的思维角度，用最适当的表现手法，以最独到的设计形式去塑造最符合戏剧风格的人物形象。而在设计思考方式和造型手段上，舞剧人物的处理又与前者有着较为明显的不同，她以更加洗练、抽象、简洁的方式出现。舞蹈是用动作语言表达情感的特殊形式。舞蹈服装除了要符合人物性格、强化形体美，更要适应人体动作的最大可能性，这是设计准则之一。空政歌舞团原创舞剧《红梅赞》的服装设计是大型现代舞台艺术作品中的又一次探求与尝试。

小说版的《红岩》用文学艺术特有的方式生动地描写了那个悲壮的事件；歌剧《江姐》以其优美的旋律把那段难忘的历史娓娓传颂；而舞剧《红梅赞》既不是小说也不是歌剧，它是用舞蹈这种特别的艺术形式来重新演绎那个人们耳熟能详的故事，用现代艺术手段重塑那个特殊年代、特殊环境造就的特殊人。这里的人物既是抽象的——革命者、黑衣人、灵魂……亦是具体的——孕妇、恋人、母亲、疯老头……这里的时空跳跃流动，情绪起伏跌宕，人物鲜活生动，舞蹈清新别致，让人在感受到现代舞艺术之魅力的同时，对人类自身的品格、人性、信仰、精神有重新的

思考，这就是总编导杨威女士所赋予这台作品的使命。根据编导在舞剧创意及风格上的定位，设计者确立了服装设计的三项探求：

1. 创作思维的现代艺术理念

这是一群融象征、对比、含蓄、唯美、简洁于一体的舞者们。这个群体演绎的是壮丽的史诗、壮观的群雕、壮美的组画。革命者们在束缚中萌发人性的真谛，在酷刑下溢现生命的美丽，在昏暗里透出心中的灵光，在死神面前展现至高的无畏。全剧的服装基调定位于中性灰调，这是一种内涵饱满情感丰富的色调，在统一中不乏色彩多样并相对独立，由朦胧中绽放着灿烂与绚丽，于模糊中呈现着多姿与美妙，她们面含深奥的严肃性，轻声释放着叹息声，喃喃地低吟着，色彩情感是那么意味深长（图78）。

服装样式的设计思考是：取民族服装之特征用现代艺术造型手段处理。作品残破并不残败，色彩沉稳而不沉重，情调凄美却不凄惨，形式简洁并不简单。在这种理念的指导下，剧情提供给人物造型的相关条件，以及险境对人物摧残后的外化特征，在不知不觉中都变成了设计中的可取元素：戴在身上的锁链经特别制作后成为极为夸张的饰物；绳索的重复运用；碎

图78

衣片的强化处理；补丁、破洞、血迹、残衣……都成了具有强烈美感的艺术符号并构成了特有的形式美而成为此剧人物造型的鲜明特色。

一件感动别人的作品首先要感动自己，并把这份感动倾注于作品中才会有感召力和震撼力，现代艺术作品更是如此。笔者在参与"疯老头"服装制作时处于异常激动状态，那种歇斯底里的"破坏"以及恶作剧般的涂鸦喷绘，与服装制作的传统方式形成挑战与反叛，在整体自我约束的同时也在局部地放纵、陶冶着自己。机器在转动着，笔在喷描着，颜色在变化着、流动着……不知不觉中自己的那份激情融入了作品，我们看到"疯老头"的形象如鹰般沧桑触目，蕴涵了强烈的视觉冲击力（图79）。后来这种技法又主动地延伸到其他角色服装的处理之中而成为本剧服饰造型的又一特色。现代艺术的思维、思考、创作全过程都包含和显现创作者的特性。

所谓艺术创作的理念，在思维方式上的求新尤为重要。人们知道，科学创造是在前人已发现的基础上进一步发明、发展和完善；而艺术创造则总是处在时常否定别人与自我的时空里，尽管你前一个作品是创新、优秀、成功的，你也常常要回到零点，重新起步。而现代舞剧除了强烈的气氛、浓重的色彩、触目的对比、全新的动作组合等现代艺术的基本特征外，还要和现实有紧密的联系，才能与观众有交流并产生共鸣。

2.视觉形象的时尚特征与民族特色

在解决了前面的问题即现代艺术的思维观念以后，设计中的时尚特征及民族特色就比较容易找到切入点。用现代艺术的手法去寻找和捕捉过去的真实，有选择地把最适合自己的那份需求糅进作品，并使其高于生活，用艺术家所应有的诚实和谦逊品格以及具有穿透力的眼光排出浮躁和表象，并在深远浩渺的时空领域里把握住那份未曾被别人发现过的真实，在艺

图79

术处理后还舞台一份本真。

全剧服装设计力求在创作手法的统一中不乏款型多样、手段多样、色彩多样、形式多样。半截的学生装、局部的军装、改变的旗袍、特别的工装都有既熟悉又陌生之印象。那对恋人采用了"情侣装"的组合，在莲红与白色相间中透着纯洁与柔情；母亲与孩子那组有"补丁花"和"百家衣"特征的军绿色"母子服"，虽色彩相近但款型各异。母亲的西服裙装，显露出人物的身份背景和知识层次，孩子身上那件超大的补丁军装揭示了生存环境的艰难也让人对他更加爱怜。

江姐那套旗袍裙在结构和色彩上都有独到的处理：服装款式既要保留旗袍的特征，还要适应演员

所要完成各种幅度的动作；不同颜色袖子的处理，虽然打破了传统的对称却无不协调；褪了色的海蓝旗袍由上而下过渡到青莲至浅灰色，加之嵌缝的补丁和裙摆的碎片使原本丝质的服装在柔美飘逸的基础上增加了层次；白色袖片上、裙身上由血迹幻化成的红梅图案，让整体处于冷色调的服装在局部有了暖色对比并丰富了色彩，这种处理既符合真实又让作品无意之中兼备了点化主题的功能；江姐的红毛线背心是人们熟悉的外形特征之一，如若选用同样的材料处理则过于真实平淡，若用丝绸则无粗纤维的质感，由于采用了手工搓制的丝质小绳，"似是而非"地镶嵌于丝绸背心的前片局部，产生了很好的装饰效果，且这种绳索的元素又与其他人物所用的绳索有串联和呼应之关系，使原本不真实的材料有了合理的依据（图80）。

孕妇的服装定位于"列宁装"款型，将这种很男性化的装束赋予最具女性特征的人物，服装的情态过于硬朗，对比过于强烈。笔者在服装色彩、质地的处理中找回了女性的柔美与甜润；A形丝绸质地宽大的上衣，依稀保留一点"列宁装"的影子；褪色后的草黄套装上泛着橙红色的抽象图案，像一束温暖的阳光折射着希望，寓意着由母亲孕育的新生命即将诞生。

全剧的反面人物用"黑衣人"的称谓代理，故也就将他们全部用重色处理，而这个色调正好在稳固的灰色中加强了舞台整体结构的分量。黑色的处理并不沉闷单调，有网黑、缎黑、幽黑、晶莹黑等，根据不同的人物有不同的分配，使这一群体既抽象又具体，他们或阴毒、神秘，或帅气、华丽，与革命者形成两种截然不同的视觉形象，从而产生相互之间的跳跃、排斥、对比及依托（图81）。

一位法国同行对该剧服装设计评价说："这是一个在大时空中跳跃的作品，时尚、前卫、唯美，却也很民族。就服装而言，将可以做成一个很别致很另类的时装展示，这里充满现代艺术的气息和对比艺术的音响……"是的，笔者在创作中时刻都在寻找和强化

图80

图81

对比与碰撞的关系、品味其中的乐趣。如色彩对比、材料对比、质地对比、情态对比、时空碰撞、情感碰撞、观念碰撞等等，而这些又全部归位于导演的总体创意与结构之中，同步于导演的戏剧节奏、协调于戏剧风格、戏剧情绪及内容。它们不张扬、不造作、不喧哗、不浮躁，你能记住那一个个平实无华且生动鲜活的人物，却感受不到刻意"设计"的痕迹，这正是笔者多年来在舞台艺术实践中对人物造型设计追求的一种境界。

3.服装工艺的多种手段

就艺术而言，手法处理不存在谁胜谁负、谁高谁低的理论，材料本身所带有的美感也无优劣之别。艺术手段和形式反衬着设计师的鉴赏力以及对材料的感觉、感受、使用及表现能力。当然，采撷和表达要与戏剧风格、环境、时空、人物相关联，这样才能体现设计的本意与艺术处理的理由。任何一件服装作品经由制作后都不会一成不变，所以称之为"几度"创作，如果设计师亲自参与其变化将更大。笔者时常乐于参与服装制作的过程，这期间常会根据自己的主观感受进行新的创作和修正，并可以运用极为灵活多样、不带偏见和俗套、不受材料和技术约束的即兴手法及"行为艺术"方式。在材料的选择和使用上，笔者的最大特点是好奇心和尝试，常有接触陌生材料和利用已知材料缺陷的心理渴望，这样也就获得了由未知到已知的乐趣。这要感谢总编导为笔者营造的创作空间，她对我没有制约和限定，有的是对艺术的尊重，有的是任你展开创作思维翅膀翱翔的天空（图82）。

法国现代艺术大师亨利·马蒂斯曾说："真的创造者不仅是一位具有天赋才能的生灵，而且是一位为了特定目标，成功地把各种功能安排在一起的人。"设计师的工作实际上永远都在作这种新的安排和新的组合。在作品中设计的创意、手段的运用与舞剧内涵

图82

不无联系。这里有平面图案处理，如手绘、喷绘、印花，也有立体手法的运用，如悬挂、镶嵌、软雕、浮雕；有镂空、抽纱、断裂、灼烧的工艺手段，更有平、渲、花、漂、扎、褪等多种染色技法的使用，这些方法的对比、重叠、交错、反复等，使服装作品造型饱满，独具特色又不无联系。

在工艺处理上有一个关键问题就是表现材料的质地。笔者选择材料，常常是发现和利用其特点及优势，抑或是更看中其缺点及劣势，因为那往往是别人需要掩饰或弃而不用的，正因如此或许会使作品有了最大的优势。如服装在拼连时的接缝通常在内侧，但若设计好连接线路及样式把它们暴露在外并加以强

化，将是一种很别致的装饰手段。这种方法在许多革命者身上都有使用；化纤面料不如真丝飘逸、柔美，但它仍有自己的特点：灼烧以后形成的镂空洞不散边且形态各异，为丰富面料的种类及肌理效果起到作用。在渲染和漂染服装时更是乐趣无穷，笔者常会为一幅偶得的美丽图画而兴奋不已，只可惜它们是在服装上而不是在画布上。而残破的衣边、毛裂的布缝、蓬乱的布头又常常会变成朦胧的影像和抽象的图案……

创作的过程是艰辛的也是愉快的，这种愉快不仅仅是看到她们成功地呈现在舞台上的时刻，最值得回味的往往是那些难忘的创作过程以及面对那些不期而至的美妙灵感到来的欣喜。舞剧《红梅赞》被评为首批国家舞台艺术精品工程的十大精品剧目，并获国家文华大奖、"五个一工程"奖等多个奖项。

七、民族舞蹈服装设计实例

藏族是一个古老、奇特而神秘的民族。这个居住在世界最高点的民族，性格豪放，勇敢坚毅，能歌善舞并乐于用舞蹈和歌声表达情感。藏族人民由于身处奇特的自然环境和分布广阔、生活地域与生产方式的不同以及与不同地区相邻的其他民族在文化、习俗上的交流、融合，逐渐形成了各地区的藏族民间舞蹈所具有的不同风格与流派，但这些藏族舞蹈多具有动作表演热情多变、舞姿优美活泼、感情强烈真挚等雪域高原的民族特点。舞蹈编导杨威在群舞《姑娘》的创作中，则另辟蹊径，以一个十六人的阵势，除了表现一群年轻的藏族姑娘的活泼、美丽、率真、顽皮、豪放的天性外，还重笔描画了姑娘们那含蓄、羞涩、忸怩、内敛的内心层面，使舞蹈形体动作的极度张扬和心理活动的极度细腻形成鲜明的比照，让观众既感受到女孩们外在的美，同时也看到对人性内在多样化的舞蹈表现手段。

人们知道，丰富多彩的藏族服装和配饰具有悠久的历史。据研究，早在公元前1世纪前后，西藏高原土著部落的服饰就已具有今天藏族肥腰、长袖、大襟、右衽长裙、束腰及以毛皮制衣的特征。藏族服饰习俗的形成同藏民族居住的青藏高原的自然环境及气候条件有着密不可分的关系，生产方式与生活方式对服饰的形成和发展也有影响。在藏族的服饰习俗中蕴涵着民族的审美意识、审美情趣和人们的智慧。藏族舞多是运用藏文化的元素去表现人性之美，服饰多以黑、红、黄三种基调为主，妇女以类似围裙的"邦典"为藏族妇女的标志。

面对那样丰富的民族服装文化宝库，在《姑娘》的服饰设计中首要的问题是选什么作为创作依据，因为编导的舞蹈形式语言没有地域、地区的限定，这便给了服装设计足够自由的空间。首先笔者将造型特色的思考点从"多彩""艳丽"的普遍认识中离开，从普通意义表现女孩子们常用的"青春""明朗"的色系中离开去寻找那个地域的神秘；那种文化的厚重，那群姑娘的淳朴，配合舞蹈共同找到人的"灵性"……

"黑色"作为舞蹈服装的基调来使用，似乎是大胆了些。红色在这时便有了多重的意义："黑"与"红"结合再点缀少许的"白"则形成了最响亮的对比；红色在"黑"的映衬之下也将"红"得结实、纯粹、精彩；而红色的愉悦、力量、热情、希望、美艳等诸多含义都将在"高原红"这一人们耳熟能详的概念中得到最好的诠释。当选定了黑、红、白三色为主之后，其他的颜色如深灰、银灰、紫红等都将作为辅助色。而使用在服装造型特色上，采用了最有藏族着装特点的方式并将其强化，那就是从藏族先民那里承袭过来的厚重保温、宽大暖和的肥腰、长袖长裙并将加厚的"皮袄"随意地系在腰间，并夸张后臀部的体积造型，这就为舞蹈臀部动作的设计和表现提供了物质媒介，甚至发展完善为本作品的独特表现语言；这种造型处理既显示出在服饰着装情态中的大自在，又与黑、红色组合在一起共同制造了身体的稳重和内容的厚重，而这种质感倾向与通常舞蹈服装设计理念中的"轻盈""明快"互为反叛，便也成为设计理念和服装样式上的又一特点。

服装的装饰设计把握四点：节奏、层次、色彩、质感。

藏族的服装饰物种类很多，从头、颈、胸，到肩、腰、手都可以装饰，材质有金、银、珠、玉等。结合舞蹈的特点、色彩的整体感和构成元素的关系，选择了以红、银白为主的夸张珠饰，并点缀个别松石绿，进行了有节奏的从头部到胸部的重点装饰和腰部的呼应装饰；其中尤其强化了头饰的体积和颜色，使其成为整体色彩的最强音（图83）。而特别手工工艺制作的各色珠饰，既轻又软，对大幅度的摆头和身体扭动毫无妨碍；黑色上衣简单平面的结构正好托出呈大小不均的装饰彩点，而腰部的串珠又正是富有动感的装饰线，在整体厚重的造型和沉闷的色调里添加了鲜活与灵动，使服装设计的点、线、面、形这些形式美的基本元素得到合理的运用。

服装装饰的层次运用安排得合适与否，将关系到整体服装的韵律。在音乐里，"优美的旋律"是指若干乐音在某一特定乐思中有组织进行，并借以长短变化的节奏和音符的高低起落的线条而规范成形，它是音乐诸多表现手段中最重要的元素。在这一点上服装设计与音乐如出一辙，这款服装将层次上的重叠与夸张放到了腰部，这里有长裙、棉衣、邦典的重叠，有皮毛、珠饰的罗列，它们层次分明、错落有致，与裙部底摆的空荡、上衣的简洁、饰物的搭配，共同组合出一种别样的韵律。

装饰的色彩是调解服装整体色调的点睛之笔。白色皮毛作为服装的边饰在腰头和袖口使用，既源于生活又彻底打破红黑组合的郁闷；棉衣边缘由紫红与灰色相间的条形装饰，邦典上、头饰上银色的装饰都为高色度的红黑增加了过渡；而几粒绿珠的点缀，使服

图83

装的颜色凸显狂野加美艳。

质感发挥的极致状态就是对比，装饰材料的作用就是与服装材料发生各式的对比。其中装饰所用的颜色随了服装主色而去，余下的就是形的对比、疏密的对比和质感的对比。邦典上金属银色高浮雕般的装饰使服装隐约发出了高光和反光，无形中又添几分神秘感；白皮毛与粗质地的棉衣使一个看起来更娇美，另一个看上去更茁壮；装饰物的整体发光与服装面料的整体吸光，使原本的沉重变得亮丽，这也许正是作品所要表现的一个层面。

最后再来谈论作品的创作手法，之所以在最后才来讲本应该是在最先想到的问题，是因为有些舞蹈作品在创作时几乎是在设计完成后才顾及到这个原本

不该忘却的事。其实，创作往往会是这样，它不一定是按照所谓的秩序和规则的定式排队进入的。创作的灵感有时仅是一个闪念，抓住它、善待它、展开它、做好它，可能在不刻意、不自觉中就全部顺理成章地合了规则。这种偶发的不守规矩，未必不是一种创作方式。《姑娘》的服饰创作手法，从它那"包含了什么，却又不是什么"的表象看，叫做"抽象性的装饰手法"或许还算恰当。

群舞《姑娘》在第四届ＣＣＴＶ电视舞蹈大赛中获铜奖，在第七届全国舞蹈比赛中获"优秀奖"（图84）。

八、现代舞服装设计实例

《海那边》是厦门小白鹭舞蹈艺术团原创的现代群舞，这是一个反映海峡两岸同胞期盼祖国和平统一题材的舞蹈。作品用现代舞的形式，用独特感人的舞蹈艺术语汇描述了两岸人民一脉相承的渊源、亲如手足的情感、盼望统一的心愿。在服装设计上，笔者运用了时尚元素作为主体追求，并在这现代舞的形式、现代人的造型、现代的舞台与现实（观众）中间，去追索那条永远忘不了、断不了线、永远把人们系在一起的、解不开的心结。二十四人的舞蹈，采用了同样色彩的白衣和灰裤，却用了完全不同服装结构、不同质感的材料、不同的表面肌理、不同的工艺手段进行造型，使整体的协调里的每一套服装都有自己的特点。这种近乎于时尚展示的大系列的呈现方式，本身就带有浓重的现代生活感；红色丝带和红色块以各种不同方式作为每套服装上的重要元素，它们或是穿插在胸前的"中国心结"，或是系在身上的红带，或是在美丽服装上划破的刀痕……那刺眼的红色，打破了灰白色调的沉寂，触动了人们的心灵，让人们不由得想到，它虽然是创伤，但更是血脉！

编导用现代舞艺术在追求与强调以人体解放、人性解放和情感释放为特点的同时，融进浪漫主义和理

图84

想主义色彩，在艺术创作中，用奔放加抒怀的情感表露，演绎了一个严肃且重大的题材。《海那边》在第六届全国舞蹈比赛中获得"群舞表演一等奖""观众最喜爱的节目奖""观众最喜爱的演员奖"等五个奖项（图85）。

图85

第五节 ///// 歌剧服装设计

一、欧洲歌剧及服装简述

歌剧是一门以声乐和器乐为主，综合了诗歌、音乐、舞蹈等艺术的戏剧综合艺术。

歌剧最早可追溯到古希腊时期的悲剧，其艺术形式是歌剧艺术产生的渊源；中世纪时期的一些音乐表演形式多是以《圣经》为题材的宗教剧、神秘剧、奇迹剧和用音乐、诗歌、戏剧的手段表现乡村生活的田园剧和牧歌剧等；歌剧最直接的起源是15世纪末的幕间剧，这是穿插在当时喜剧各幕间的一些寓言剧、神话剧或田园剧；歌剧真正形成于16世纪末意大利的佛罗伦萨，是由于一批热衷于恢复古希腊的戏剧文化艺术界的名人不满当时演唱方式，认为复调音乐破坏歌词意义的表达，主张采用单声部旋律，并且在实践中发现：在和声伴奏下自由吟唱的音调不但可以用在同一首诗歌中，还可以用于整部戏剧中。随后就产生了最早的歌剧。歌剧有故事情节，歌唱有歌词，它的歌词与音乐和戏剧发展有着密不可分的关系；17世纪

歌剧传入德国和奥地利后，涌现了一批歌剧作家，如莫扎特、韩德尔、贝多芬等，主要作品有《魔笛》《奥兰多》《费加罗的婚礼》《费德里奥》《月球上的世界》等；17世纪中叶歌剧传入法国；"大歌剧"产生于19世纪的巴黎，这是一种具有国际风格的大型歌剧，题材为史实或虚构的历史故事，舞台极为华丽，充满了奇景艳服，大型方阵队列和芭蕾舞都包括其中，这期间欧洲出现了许多有才华的歌剧作曲家并创作了一批享有世界声誉的经典歌剧作品，如威尔第的《阿依达》《茶花女》《弄臣》，普契尼的《图兰朵》《波希米亚人》，比才的《卡门》等等；20世纪中叶以后直至现在，欧洲歌剧虽然也有不少新作，但多是重演或翻版前人的经典剧目，只是在舞台形式和舞台技术上依据当代时尚与审美倾向进行变化，但歌剧传统领域少有脍炙人口、夺人眼目的人物与作品横空出世。

传统歌剧的服装从其艺术形式的萌芽起，便有极为明显的人物性格特征以及较为夸张的形式特征。这些特点或许与其戏剧发祥之地的古希腊人那既尊崇哲学的思维方式，却有不失洒脱、浪漫且富有诗意的气

质有关，这种开端将歌剧服装的审美层次直接送到一个独特的方位与较高的层次，并一直延续至今；歌剧的舞台表演的方式和以剧中人歌唱为主、动作为辅的表现方式也是决定服装样式的另一个由来，这表现于服装在色彩上的高度讲究，质感上的极度追求和形态上的大力夸张。几个世纪走来，尽管在服装的风格和样式上的追求不尽相同，但歌剧服装的这一特质却从未变更。

如2001年在纪念意大利伟大的作曲家威尔第逝世一百年，由当代"唯美主义"代言人法兰克·柴菲雷利执导的歌剧《阿依达》，堪称为一场在舞台表演艺术与技术上完美精湛的"梦幻演出"。女主人公阿依达那带有典型东方服饰色彩和着装方式的服装、法老的服装上那犹如金字塔般神秘、绚丽的质感、法老女儿安涅丽丝服装上那象征自己身份的光彩和古埃及时期服饰特有的肌理视效、祭司们幽灵般庄严肃穆的装束……都不折不扣地在传承歌剧服饰的原始特征（图86）。19世纪法籍德国歌剧大师约克·奥芬巴赫的作品《美丽的海伦》，根据古希腊和罗马神话改编，以特洛伊战争的起因作为故事主题，借希腊众神反讽当时政局和所谓名流社会，但却不忘加入他最擅长的喜剧元素，从开始到结束，借由音乐和演员精彩的表现，人们得以在这部看似笑闹却富有深意的歌喜剧中得到发泄与安慰。这部作品在1997年被法国艺术家们用现代舞台艺术元素和语言进行了重新演绎。舞台环境不再写实，隐约可见的古希腊建筑中的侧廊柱象征性地提示了故事发生的地点；舞台上少有的实物、抽象的大色块、有层次、有坡度的表演区，使艺术空间变得开阔、延展；合唱队与部分主要人物以白色为主要基调的服装，无论是造型还是结构或是图形都极为形式化与符号性，如同古希腊的雕塑群，也正是这种色调将剧中主要人物的彩色比衬得更加耀眼；虽然主要人物的色彩不再是古典的，款式不再是宫廷的，质地不再是华丽的，但在舞台整体的环境里，它们依然是歌剧的气质、歌剧的风范。不管是传统形式的表现还是现代艺术的实践，这些使歌剧服装有如歌剧艺术自身所包含的优雅、高亢、壮丽、厚重、华美等特质一样，总会伴着歌剧的大幕的打开随着歌声而同时唱响（图87）。

图86

图87

二、中国歌剧概况

中国歌剧在20世纪初叶，特别是"五四"运动以来，逐渐形成了一种集音乐、诗歌、舞蹈等艺术为一体的以歌唱为主的艺术——新歌剧。从延安演出的歌剧《白毛女》到后来的《刘胡兰》，都为我国民族歌剧的发展奠定了基础。20世纪50年代以后，在全国成立了许多歌剧院团，在创作手法上虽然借鉴了西方歌剧的一些手法，但音乐素材大多是民族的，实际上是一种带有中国特色的、介乎东西方两者之间的歌剧形式，如《白毛女》《洪湖赤卫队》《江姐》《红珊瑚》等。这些歌剧因其政治与社会原因，突出现实主义风格的创作原则，在服装与化妆人物形象的处理上主张从生活出发，并进行人物性格化的艺术处理，其造型理念与话剧相比较为接近又略显夸张，这倒与西方歌剧的人物塑造不谋而合；中国歌剧与西方传统歌剧最大不同即是并没有像西洋歌剧那样全部交响化，也没有如西洋歌剧以歌唱贯穿全剧，反而较多地采用了将说、唱、表演结合起来的戏曲化手法，并大量地使用了民族乐队或部分特色乐器。

这种植根于民族文化土壤的作品最明显的特点是：首先是选材上的优势，每年因为这些题材本身就符合中国观众的审美习惯；其次是符合了观众欣赏习惯和审美情趣，中国的歌剧创作顺应了观众钟爱的那种戏剧性、故事性的结构要求；还顾及到观众爱好的那种感天动地的大悲剧和让人开怀的轻喜剧等多种风格；同时还吸收中国戏曲绚丽多彩的表现形式，这些内容相结合便出现了形式多样、大众喜闻乐见、音乐深受人心的效果。其中许多唱段至今仍在民众中传唱，而这些个性与特征恰恰是国外歌剧所没有的。新时期以来，我国歌剧力求在民族音乐与现代作曲技法的结合上有所建树，在创作题材上大加扩展，在创作手段和表现方法上结合观众的欣赏习惯、审美趣味以及新型的舞台技术，正在构建具有时代特征和民族特

色歌剧体系过程中进行有益的尝试与探索，并且产生了《原野》《马可·波罗》《党的女儿》《苍原》《巫山神女》《我心飞翔》《雷雨》《野火春风斗古城》《李白》等剧目。目前随着经济全球化、文化多元化进程的不断推进，中国歌剧表现出多元发展的良好态势。

三、歌剧服装设计赏析

由法国巴黎莎特莱歌剧院制作、美籍华裔导演陈士争先生执导的歌剧《西游记》，应该说至少在两个方面有较为突出的表现：在异国排演中国的名著虽然不属首创，但从主创班底的组合则不难看出导演的用意。由英国摇滚乐坛的著名作曲戴蒙·阿尔本和著名漫画家杰米·休伊特担任该剧的作曲和造型设计，而这两人曾作为卡通虚拟乐队"街头霸王"的形象和音乐主创蜚声流行乐坛。这便为这部歌剧染上了奇妙的色彩。而在表演形式上，《西游记》与其说是西方意义上的歌剧，不如说是杂技、舞蹈、喜剧、数码动画或是武术等多种艺术元素的集合体，这在舞台视觉上又积蓄了一份期待；不是用英语，也不是用本土的法语，而是全部用汉语演唱并使用POP风格的电子乐，这种大跨度的结合，便给作品添加了无可预测的风险。但其演出结果却正如作品原本所追求的那样，其丰富的表演形式、惊艳恢弘的场面，以经典与现代、东方与西方、视觉与听觉的完美结合，让男女老幼都接受了这部中国传奇。

作为这部作品的中方服饰总监制，设计者承担了设计全剧中"水族"和"天族"的人物造型。合作者是美国服装设计师奈森·戈里高瑞。面对这些与普通歌剧人物造型相去甚远、出自一个漫画家之手、造型极度变形的服饰，设计者还是悟到些东西方文化带给服饰审美的差异。在与陈士争导演的工作交流中了解到，他之所以起用一个从事漫画设计的非舞台专业人士担纲全部的舞台设计，要的就是他对舞台

处理的卡通化与简洁化，对中国服饰文化内涵因了解不多而存留的感性阶段的新鲜认知，与西方现代艺术家对东方古典艺术的特殊解释。这和设计者当年应邀在法国欧洲"迪斯尼"为杂技剧《木兰》作中方服饰顾问，在与著名英国服装设计师苏·勒凯施女士合作时，对欧洲设计师的了解有许多共同点。概括地说就是强化感性认识和设计，强化"型"的体现。通常，中国设计师在作古典人物造型时，期望能有"形神兼备"的两全之美，能在作品的意境上多有重点追求。由于过多的希望和对本土文化的熟知，会将作品刻画得很细致，甚至是面面俱到。有时甚至于对服装上的花边是用手绣、机绣还是电脑绣，或是每一个图案上的一朵花用多少种同类色的线等细节都会顾及到。这种现象多源于设计理念和大众的欣赏习惯，这些如果是在古典题材的影视剧或是戏曲里当然不足为奇，而近些年的舞台上也常常有这类超精致的"大制作"；而杰米的造型则不然，他不去讲究造型是否完美，即大众通常意义的"英俊""靓丽"，而是犹如卡通人物般的形态、情态和色彩。如"老龙王"与"小龙女"，这两个被许多中国文学与艺术描绘、刻画过多次的形象，在这一版的《西游记》中却极为独特：身高两米的老龙王拖着两米长的身尾，虽然身高体大，但早已失去人们概念中的水中之王的霸气，残破的龙袍，蹒跚的步态，散神的目光，已然是个孙悟空的手下败将；而美丽的小龙女则是以一种更为卡通的形象现身，矮矮的个子，圆圆的身子，粗粗的尾巴，满脸的喜剧情态，与其父亲无论在体态还是性格上都形成明显对比；对八大天将的设计则更有突破，他们有门神的威严，有阎罗王的阴森，有吊死鬼的恐怖，有包

图88

青天的刚正，更有变形金刚似的肌肉组合……这种东西方文化、传统与现代、戏剧与卡通的混搭所产生的视觉感受，让外国人感到奇妙，让中国人也觉得新鲜（图88）。

当然，对于正宗传统的经典大歌剧而言，《西游记》的歌唱成分被相对减弱了许多，更像是具有一种积聚了多种舞台艺术形式、多种舞台技术手段的综合多媒体艺术，并且由于中国杂技和中国功夫这些特别奇术的加盟，而使戏剧自身的情绪与气氛变得离奇、惊险、刺激，好看。鉴于"古代神话"这种特殊题材的剧本基础，又使其中所使用的各种手段变得极为合理，毫无技术卖弄与形式造作之嫌。这部跨流派的现代流行歌剧作品，无论是中国导演、演员，英国作曲和造型设计，法国的指挥，都打破了常规，在一个陌生地区，在新的歌剧舞台上进行了大胆、有意义的尝试。

第六节 ///// 音乐剧服装设计

音乐剧概述与戏剧、歌剧、芭蕾这些已有几个

世纪发展史的表演艺术形式相比，音乐剧19世纪起自英国并在美国发展成熟，其历史刚过百年，并且还在不断地发展变化着。关于音乐剧的现有定义一定会随

着现实现状的改变而由后人不断地修订。那么，我们只好就现状谈当前的定义：音乐剧是将多种类艺术的多种表现形式与体裁组合为一体的一种独立的音乐戏剧形式。它源于从传统正歌剧中派生出的喜歌剧、轻歌剧等，并广泛吸收了爵士音乐、乡村音乐、摇滚音乐、说唱艺术、现代舞等各种表现因素，在一百多年时间里，首先在西方获得迅速发展并广泛传播至世界各地，形成20世纪音乐领域一个令人瞩目的艺术现象，并逐步完善发展成为综合性舞台艺术形式，形成了以戏剧为基础、音乐为主导、舞蹈为重要表现手段的基本形态。音乐剧之特色音乐剧是由音乐、歌曲、舞蹈和对白结合的一种戏剧表演，剧中的幽默、讽刺、感伤、愉悦、爱情、愤怒等作为动人的组成部分，通过演员的语言、音乐、动作以及独特的演绎方式传达给观众所要表达之剧情、内容与情感并使观众得到娱乐或更多的感受。为此它便具有如下特点：歌舞与戏剧比肩音乐剧是由音乐、歌曲、舞蹈和对白结合的一种戏剧表演，剧中的幽默、感伤、愉悦、爱情、愤怒等作为动人的组成部分，通过演员的语言，音乐和动作以及独特的演绎方式传达给观众所要表达之剧情并使观众得到娱乐或更多的感受；在戏剧表达的形式上，音乐剧是属于表现主义的。在一首歌曲中，时空可以随歌词大意而变化，并顺延歌词的意境跳跃到另外的时间与空间，这是一般写实主义的戏剧中不容许或不常见的。如今，音乐剧可以郑重其事地算是戏剧的一个品种。但音乐剧在其创立初期时却与当时英美大都市的娱场所中的各种歌舞表演密切相关。实际上早期的音乐剧没有成型的剧本，就是以一个戏剧的框架将歌舞表演串联而成的。这个戏剧框架往往会相当粗糙，但作者们和观众们似乎并不太在乎剧情是否合理，故事是否有表现力，而是更多地关注其中是否有好听的歌、好看的舞和漂亮及演技高超的演员。直到1927年，美国音乐剧舞台上出现了一部名为《演艺船》的作品，它将音乐、歌舞与戏剧统一为一个完整有机的整体，并为表现深刻的戏剧内容服

务，在艺术上达到了相当的高度。由此，音乐剧开始重视叙述性和有机性，开始有说、有唱、有舞地去演绎一个个曲折动人的故事。

在"演故事"的主流中，那种偏重以歌舞展示为主或偏重以歌唱为主的形式在当代音乐剧舞台为数不少。比如以摇摆乐之王埃灵顿公爵的歌曲串联而成的舞台作品《贵妇》，便能从这部由歌曲大联唱式的两幕舞台"剧"中体味到埃灵顿的内心世界以及他所处的那个特殊的时代。再如英国剧作家韦伯的名剧《猫》，美国导演泰默的《狮子王》，虽然也有鲜明的角色和动人的故事情节，但与其说这是一部"戏剧"，还不如说是一场描绘另类造型、情感和歌舞的大展示；美国百老汇大街和英国伦敦西区的剧院至今仍然将《大河之舞》和《敲铜打铁》之类的非戏剧作品作为正式的演出"剧目"；其实，只要运用得当，即使缺乏戏剧性和故事性的形式同样能取得非常好的艺术表现效果，在这一点是，这种艺术形式本身和观众共同显示出极大的宽容性。

一、通俗与经典牵手

每个音乐剧都可以根据自身特点去使用通俗音乐、民族音乐或严肃音乐为演唱形式。音乐剧所采用的音乐语言与20世纪中期发展起来的流行音乐有着密切的关联。但这并不是把音乐剧简单地定义为"用流行音乐语言写成的歌剧"或者是"由流行歌曲串联起来的戏剧"。创作者们会根据剧情的需要和自己独具特色的创意与追求，去灵活地寻找与运用适于本作品的音乐语言。如韦伯的《剧院魅影》就较多地吸收了歌剧的音乐元素，其中的管风琴的音响就比较突出；他的另一部作品《孟买之梦》也是根据故事的背景而采用了印度民间音乐风格。《西区故事》在音乐上的逻辑之严密，发展之巨大，完全具备了严肃音乐的水准；而在《悲惨世界》这部由"流行"音乐家创作的作品中同样凝结着精致的音乐素材和巧妙的创作手

法，其中的歌曲脍炙人口流传广泛，成了音乐剧在宣传推广中最好的标志，甚至完全可以自信地与歌剧中的同类唱段相媲美。

二、喜剧与悲剧同步

音乐剧是具有大众文化属性的舞台综合艺术形式，并且尤其重视娱乐功能，但娱乐并不仅仅是"喜剧""滑稽"，也不等于好莱坞式的感官刺激。古代希腊人喜欢演戏，悲剧、喜剧都很出名。他们把这都称为"娱乐"。"大众娱乐"之意义就是要给大众提供丰富高质的"精神享受"。许多词典上都提到音乐剧也称"音乐喜剧"，现在使用的这个词是从上个世纪40年代开始流行。中国观众熟悉的许多音乐剧经典如《音乐之声》《窈窕淑女》《绿野仙踪》《芝加哥》等都是喜剧性的，演出时剧院里总是会不时地爆发出欢笑来。但《西区故事》《屋顶上的提琴手》《悲惨世界》《巴黎圣母院》《西贡小姐》等，则应排进正剧乃至悲剧题材的行列。

三、音乐剧的类型

不同地区、地域由于其本土文化的特点造就了不同类型、风格的音乐剧种类，主要以地域差别而进行划分。

四、百老汇音乐剧

百老汇音乐剧的前身来自于滑稽剧、歌舞杂剧以及当地黑人的游艺表演活动等，较多地带有爵士乐、摇摆乐的元素。是音乐剧把美国风格的爵士乐和与之配合的摇摆性很强的舞蹈成功地编排起来，因此舞蹈具有独创的百老汇风格。《俄克拉何马》《西区故事》《平步青云》都是在百老汇相继走红的重要音乐剧目。此外在百老汇经久不衰的音乐剧还有《歌剧院幽灵》《悲惨世界》《西贡小姐》《美女与野兽》《狮子王》等。

五、伦敦西区音乐剧

伦敦西区是当今世界音乐剧的又一个制作基地。虽然音乐剧起源于英国，却是在美国壮大与成熟起来的。早期英国音乐剧很少在舞蹈方面做特别突出的表现，而是更多地受歌剧和轻歌剧的影响。其艺术形式的结合是把歌剧、轻歌剧的传统以及音乐喜剧的传统与爵士乐、踢踏舞和芭蕾进行一定程度的结合。20世纪70年代，英国出现了两位音乐剧创作巨匠：安德鲁·洛依德·韦伯和蒂姆·莱斯。在风格上韦伯创作的音乐剧偏重音乐创作；在制作上，英国音乐剧著名制作人卡麦隆·麦金托什非常注重把舞台上的各种技术——布景、服装、灯光等与其他手段结合起来。著名作品有《悲惨世界》《西贡小姐》《猫》《歌剧院的幽灵》等。

由新近上演的巴黎音乐剧《罗密欧与朱丽叶》的艺术风格与纯熟的表现手段，人们不得不开始关注法国音乐剧的动态。法国人在自己民族文化和历史资源里寻找素材，其原创的《悲惨世界》经由英国人重新包装后在英美和世界各地舞台上大放异彩。而曾在中国上演过的《巴黎圣母院》则是纯粹的法国制造，其中的音乐和舞台表演形式都体现了不同于英美的法兰西民族文化的特质。

六、音乐剧的服装欣赏

音乐剧的服装设计应该和音乐剧的形式与风格不无联系：以歌唱为主的音乐剧（或演员）注重服饰创作的形态定义，即如何以一枚造型元素的身份更好地加入构建完美舞台空间的行列；以舞蹈形式为主的作品（或演员），在考虑服装要符合于人物的首要条件达到后，会更多地处理好服装的可动作性；在设计以杂技、武术展示成分为主的作品时，设计师则决不会忽视对怎样将这类服装巧妙合理地融于歌剧艺术中的研究。下面将以美国百老汇的音乐剧《狮子王》为例作简单的赏析。

这部戏改编自1994年在动画史上缔造多项辉煌纪录的迪斯尼经典影片《狮子王》。由小狮子辛巴的冒险旅程展开，讲述它如何渡过生命中重重考验与难关，去面对未来。其实质是探讨成长、责任和生命的意义。

笔者以为，音乐剧《狮子王》人物造型设计最大的成功在于这部戏的总导演、人物造型设计师朱丽·泰默女士在使用抽象性的创作理念与创作手段上给予全剧的总体格调和精准的美学控制，其统一、连贯、准确、巧妙、奇美都非常难得并具有标准的典范意义。这部音乐剧的难能可贵在于，把"以人拟物"和"以物拟人"这种无数人尝试过的抽象手法，结合运用到一部看似如儿童故事一般简单的作品中，将内容与形式高超结合、人与物并驾齐驱，使简单的情节借助于音乐剧里多种艺术形式的聚合，达到各种观众层次都能领受、欣赏、迷醉的水准，到达了真正的"人物造型"新境地。

艺术作品所以能够打动人首先是其集中的精神浓度即情感浓度，这在《狮子王》的剧本中已经具备，而当富有艺术内涵的技术与技巧再次携起手来，便是艺术的魅力或力量。泰默运用美妙的创意和舞台技巧，将美丽的非洲丛林原野搬进了剧场，在这有限的空间里再造大自然的意境；用另类的视角，再造各类生灵的生存奇迹；用人类的艺术语言，揭示生命历程的沧桑，歌颂万物之间的和谐，用现代人的良知去赞美崇高的人性。

美丽的非洲大草原的环境是由几十名头顶块状青草形象的演员展示的，他们在背负了渲染舞台气氛的任务后又"忍辱负重"地承载起道具的功能，这看似过于直白的用意，却在大手笔的舞台调度和美妙的非洲音乐声中显示出具有地域气质的拙朴与率真，由演员制造的流动舞台、流动舞步带动摇动的青草，创造

出一片广袤的、充满生机的非洲大草原（图89）。以人物代景物的抽象舞台艺术手法在我国戏曲中早已使用，但中国戏曲的审美倾向是以意境代景，即以人物表演创造或揭示的意境，唤起对环境的想象；而西方人更重视形象的表现，以直观的形象引申更丰富的联想。这一点上无论在绘画、雕塑、建筑、戏剧上都表现得极为精到。

在狮子族的造型里，因这种动物本身的特征使然，最应该强化的是头部。头部采用舞美高科技产品的代表——面具来放大体积，造成在习惯上的头身比例失调，一下将造型推入另类，加上面具上结合角色性格而夸张的五官，即使在观众席的中、后座位也不会忽视了对他们的关注；在色彩的使用上，创作者还是选择了最为接近动物的毛色——棕黄色，这还是最为接近中部非洲种族的颜色，这种色调淳朴、健康、浓重，也在其他动物和其他植物相对明亮鲜艳的色彩中，明确地建立起全剧的主色基调；服装样式和图案设计，找来非洲服饰文化中最具民族性、风格化的元素，这些不同的装饰图案描绘点缀在这个狮族部落里，在歌剧的演唱中既是一个合唱声部，在舞台画面中又如同古老凝重的群雕和着歌声呈现出一幅壮美的音、画、诗的组合，对人的视觉与心灵具有强力

图89

的吸引（图90）。在角色性格的塑造上，老狮王木法莎那古老非洲部落酋长的威严和满目的坚毅，象征了一个王者的风范。小狮子辛巴幼年的造型天真可爱，半裸的上身，从肩到胸部的油彩平涂，既有非洲人的生活特点，又在角色外形上制造了明显区别于他人的特征。有趣的是长大后的辛巴造型除了增加头部的面具外，其他的全部造型只是小辛巴的放大版，让人由衷地佩服泰默那简单却又神奇的创意，而整个造型由面具、肌肤、服饰的组合吟唱出隐隐的健美、动听的节奏。辛巴女友娜娜，一个像非洲女性那样质朴、清纯、具有灵性与智慧的女孩，这种个性在她的造型中也有表现，娜娜是以简洁的服饰造型特点而突出于群体的，这种减法的使用在形态上正好强化了女性的形体美，服装上跳跃的亮色图案，又不失女孩青春与活泼的气质。

在其他动物与植物的设计中，精彩之处也随处可见。如斑马、小鹿、金钱豹、树木、花卉等也将抽象与写实、道具与人、舞蹈与人的关系处理得恰到好处。如果说对于《狮子王》的评价过多溢美之词，而需要从中找些值得探讨的话题，那么在造型上有一个"两张脸"的问题或许值得研究。我们在前面讲到，头戴放大的面具可以制造比例上的极度变形，但面具的表情是凝固的、呆滞的，而戏剧表演最传情的还是演员的面部，这就决定了还要有一副表演的面孔，而这样便造成了"形象重复"。解释这种重复有两种理由：一、可以将头上的面具作为一种符号或标志来

图90

看，甚至就是一个装饰；二、如果将一个形象的出现定义为不合理的话，在群体狮子的头部、斑马的身体部位、豹子的身体和腿部多次出现这种"不合理"，这也就变成一种合理的艺术手法了。在我国的京剧行当中的"净"角，俗称大花脸，在这一类似的问题上解决得十分完美。花脸的形象在视觉上既放大了面部的体积，又不影响观众去欣赏演员生动的面部表情，这种方法的唯一弊端是，演员要以剪平半头美发的代价换取，由此可见京剧演员的敬业精神绝对值得称道。在狮子王国里的设计里，泰默将自身的文化素养、艺术造诣、审美积淀、造型能力投注到每一个角色的塑造之中，这部作品无论是在商业上还是艺术上都取得了巨大的成功。那些独具匠心的人物造型让原本令大众熟悉的形象有了新的气质与面貌，对抽象化的人物造型有了新的解释。

第七节 //// 人偶服装设计

偶：既是用土或木制成的人像。这一辞解首先让我们想到，其角色形象是不写实的。人偶是由演员装扮成偶状的人来进行表演的戏剧、歌舞或舞蹈等。人偶形象也叫做卡通形象，在迪斯尼游乐园中与游人们亲近的那些"米老鼠"、"唐老鸭"、大型活动中由人装扮的主题吉祥物等即是典型的代表，但由于功能不同，对设计的要求也不同。人偶剧多为各种题材的儿童剧，情节和内容都比较简明。人偶剧的题材很宽泛，古代传说、童话故事、民间民俗故事、科幻故事等都可以用这种形式表现；剧中角色可以表现许多种

类、人类、动物、花鸟鱼虫，科幻世界等包罗万象；其最大的特点是，剧中角色的形象极为简洁、夸张、鲜明，服装色彩极为鲜艳、明快，视觉效果很直接，如同卡通画一样可爱，好的作品不仅儿童喜欢，也常会受到成年人的欢迎。人偶风格的歌舞或舞蹈，由成人或儿童表演的都有，可以在舞台上由专业演员展示，也可以作为大众娱乐的方式在广场上由民众自己表演，我国的"大头娃娃舞"即属于这种形式之一，意在表现纯真稚拙的形态、滑稽风趣的内容和喜庆热闹的场面。

一、人偶服饰设计的特点

1. 由于偶的特征而决定人偶服饰的最大特点是非写实与僵硬感，造型的抽象性，形象设计一定要最大化地简洁到接近几何形状。要尽量做到造型结构的简洁、服饰款型的简洁、色彩的简洁等，选取形象特征最明显的部位进行提炼与放大。要抛去为常规人设计时的习惯理念，实际上，对于从事造型设计的人来说，将造型做简要远比做繁对其修养和技艺的要求更高。

2. 人偶在形态上是否具有"偶"的特征取决于比例的划分。成年人头身的比例在这里完全无效，倒是儿童的比例特征可以参考借鉴，并于这个基础上再进一步夸张。比例处理得合适，便具备了人偶的基础形象特征。一般使用面具或头盔是最为有效的方法（图91）。

3. 色彩追求明快单纯。依据所设计形象的特点及性格选择颜色，以单纯为佳，这样会留给形态特征以较大的欣赏空间。如果是相同造型的群舞设计，可在色彩或款型结构上增加些变化，但人偶剧中由于角色众多，只要将不同角色之间的色彩搭配合适，舞台上是不会缺少色彩的，反之则会显得杂乱（图92）。

4. 强化造型的特征部位。造型特征有不同的部位，这将依照角色的性格来确定，他可能是圆圆的身体细细的腿，他可能是小小的脑袋大大的嘴；他还可

能是长长的手臂短短的尾……强化部位多为增加体积的造型，其处理手段实际上就是一种特殊材质的立体软雕塑。成功的设计是将这些特征处理到最接近"卡通化"的形象，却又不影响表演。中央电视台动设计的连续剧《动画城的故事》人物之"宝贝果"和"达达狼"就突出地表现了角色的塑性特点：圆圆的脸、圆圆的身体、圆圆的脚、装饰用的大小球，以圆形与

图91

图92

球体为造型的主要元素塑出一位可爱的"宝贝果"；孩子们熟悉的达达狼在故事中变成一位到处流窜的警察，在他的腿外侧增加的极为夸张的两支摩托车轮，再加上旱冰鞋的穿用，使达达狼的人物形象在诡秘中带有滑稽（图93）。

二、人偶造型设计实例

在中央电视台的人偶剧《回家》的设计中，聚集了几年来由中央电视台播放的动画片中精选出来的卡通明星们，这是一台经过再创作用人偶的方式表演的舞台剧。这种把卡通平面形象转换成立体的舞台形象其实并不难做，不同的是表演的形式是载歌载舞，除了要进行现场演唱之外，还加入了大量节奏欢快的舞蹈元素。人物造型要把握的原则是尽量接近动画片中的原型，因为这些都是许多小观众们耳熟能详的卡通明星和动画节目支持人，在剧中，如小鹿姐姐、哆唻咪、阿笨猫、小仙女、玉米人、啾啾妹、小虎、哪吒、孙悟空等（图94）。

主持人的形象首先要以主持人的个人条件及主持风格为基点，基调确定为：给一群卡通形象做主持的人。这将确立了他们既不是普通节目的主持人，又不是卡通人中的一员，他们的造型既要兼顾卡通节目的特点，又要有主持人的特殊风范。"小鹿姐姐"是以一名动画城里的小公主的形象定位的，银色金属质感的高领无袖上衣、超短的红色公主裙、搭配红色中长靴，伴着她那甜美、清纯的话语将典雅、奇妙、时尚集中到了一起；"哆唻咪"，一个活泼幽默的男孩，这已然成为何子然的主持风格了。以一套金色的连体服为基础，将红色衣片与裤片嵌在金色之上产生叠加效果，夸张的裤兜、奇异的帽子、特别制作的腰带，将这个阳光男孩推进了动画城中。那些动画明星们，在保证他们能歌能舞的正常发挥的同时，尽量接近电视中的原型。在面具制作、材料选择、特型处理等技术问题上都进行了很有意义的尝试（图95）。

图93

图94

图95

第八节 ///// 杂技服装设计

一、杂技简述

中国杂技艺术在世界舞台艺术中足以傲人之处在于我们从2000多年前就已经建立起一套完整体系并流传至今，它是我国传统与现代舞台表演艺术中一支美妙的奇葩。

在汉代留存的许多灵动绝妙的杂技画像砖石上，我们会看到在那古拙浑厚的沙土里凝聚着怎样高超的人类艺术与技术的智慧结晶，并领悟到了它所以能流芳百世的原委（图96）。据说汉武帝刘彻特别喜欢杂技艺术，还以此作为政治和外交的手段来达到宣扬国家昌盛富庶，吸引西域诸国结好汉室，共同对付强敌匈奴的外交政治目的。汉代是中国杂技的形成和成长期，汉代角抵戏迅速充实内容，增加品种，提高技艺，终于在东汉时代形成了一种以杂技艺术为中心汇集各种表演艺术于一堂的新品种——"百戏"体系。汉代杂技的卓越功绩还在于其各种节目已成系列，具备了后世杂技体系的主要内容，这在世界表演艺术中也当首屈一指。杂技在汉代称为"百戏"，隋唐时叫"散乐"，唐宋以后为了区别于其他歌舞、杂剧，才称为杂技。

汉代的杂技体系在今天一直被沿用，如以人与兽、兽与兽、人与人之间力量较量为主的"力技"节目；轻重并举，通灵入化，软硬功夫相辅相成并以腰功、腿功、倒立和跟斗为基本功的"形体"技巧；大量运用生活用具和劳动工具为道具，富于生活气息的"耍弄"技巧；惊险刺激的"高空"节目；有趣的"马戏与动物戏"；奇妙的"魔术、幻术"等等。如今中国杂技既尊崇严密的师承传统，保持特有的内向性，又与戏剧、舞蹈、演唱、武术等艺术形式紧密携手，用这种古老却又现代的无障碍国际语言，伴随着清晰理性追求，享受着智慧的点化和勇敢意志的指导，在全球讲述着自己、赞美着家国、演绎着人类的生命奇迹。

二、杂技服装设计例证

在杂技登台献艺之前，艺人们只能是在街上或在简易的大棚内展示一些简单的节目；在初登舞台阶段，人们的审美要求仍然是停留在关注杂技自身的技巧和动作难度上。那时由于条件所限，舞台的环境、服装、灯光等，似乎都不是值得关心的事情。今天，随着时代的发展，大众审美格调的提升，人们在观赏

图96

杂技表演时，开始期望不仅能观赏杂技表演动作的高难技巧，还要在观赏杂技表演的过程中将自己置于艺术氛围之中，从而获得视觉、听觉上的特殊享受。这就成为观众欣赏杂技表演新的审美要求；演员也不再仅仅追求技巧难度，而是讲究杂技表演的整体性与艺术性；制作人正试图将杂技表演做成以高难技巧为主导，在灯光、布景、服装、音响的配合下，打造出一门整体和谐、技艺完美的表演艺术。

下面以杂技服装的戏剧化与舞蹈化之事例来认识杂技服装设计的相关问题。欧洲迪斯尼几乎是在上演当年的年度动画影片《木兰》的同时，在几位热爱中国艺术的有识之士的共同努力下，将杂技剧《木兰》推向舞台。迪斯尼公司服装部主任苏·勒凯施女士担纲该戏的总设计师，齐静被特邀为中方的人物造型顾问。在合作工作的半年中，他们共同面对并解决了将杂技表演戏剧化的一些问题。

早期的杂技服装在节目表演过程中没有特定人物造型的内容要求，只需按照节目主题的表演形式，体现出演员的精神面貌，并以服装的情调接近节目情绪为标准，因此，较之戏剧那种有特定人物服装的设计，就给杂技服装穿着以很大的自由度。杂技剧《木兰》则不然，它不仅有人物、有故事情节，并且还是一批受动画片中已有的造型限制的人物。因为这部戏隶属动画影片的衍生品，是为影片的发行与推广服务的，所以它必须严格恪守影片中原创人物形象的准确性。需要重点解决的问题如下：

1.造型：一般杂技表演的服装特点为造型简洁、材料轻便，材料属性利于技巧的展示，而剧中角色必须要通过人物的穿戴体现出时代感。关于花木兰是哪个朝代的问题到现在史学界还是争论不止，所以美国人搞得是否准确这里不做评价，但在影片中的人物设计大有我国南北朝时期之风范。穿古装演杂技剧，在这部戏里的问题之一就是女装的不便，尤其是穿古装

长裙站在人肩和头顶的转碟，对腿、腰动作幅度都有要求，而长裙必然会影响动作和表演。在保证服装基本造型的前提下，设计师对女裙的结构、款式、材料都进行了研究与实验。采用了裙与裤相结合、悬垂感与挺括感相结合，用强化造型与简化装饰的手法，将女装处理得极为干净、简洁，既让观众认可了这些人物，又使流动感强烈的"抖空竹"和"转碟"的杂技表演得以较好的展示。

2.特殊角色：在《木兰》影片中，除主演演员给观众留有最深的印象之外，迪斯尼动画片中不会少了在戏中最为活跃、可爱的小精灵们，本片的小龙"木虚"就是这样的角色；还有一个人物，虽然戏份很少，但造型性却极富特点，这就是那位胖胖的"媒婆"。木须的造型完全复制了影片中的形象，虽然极其卡通的服装让演员的技巧在完成时略显吃力，但这一典型的卡通角色在剧中的作用不可小视；满身都是喜剧因素的"媒婆"，正如杂技节目中的"滑稽"、戏曲中的"丑"角，为整台的戏剧增加了轻松活跃的气氛。这个采用整体模型塑身的人物，胖胖的体型，忸怩的体态，与一群美丽的村姑形成秀美与愚钝的趣味对比。

3.色彩：服装色彩的使用在一般的杂技表演中都较为亮丽。由于杂技舞台环境的设计比较单纯，服装的色彩就会被着重强调，这一来是利用第一直觉作为观众视觉的集中点，二是使整体舞台画面有色彩，再是亮丽的服装颜色对演员的面部也是一种映照。这样，杂技服装多用鲜艳明快的颜色也就不足为奇了。而《木兰》戏的服装在色彩上则较为中性，打破了杂技服装颜色的惯用理念，即使是明艳的粉红、天蓝、草绿等也混合了一定的灰色度，这便使整体的人物服装有了年代感和浑厚感；再如传统杂技节目中的空竹、转碟等，服装型款色大都是整齐划一的，而这在该剧里却是各不相同，相对暗淡的服装色调，正好突

出了杂技道具的运动美感；而在"军人"和"匈奴"的群体造型中，依据剧情正好保留了杂技大节目如"爬杆""钻圈""皮条"中服装的整一性。这样既保存了不同"节目"的纯粹性与独立性，又将其染上了大戏剧的风范。

4. 材质：常规的杂技表演是按照技巧的类型和身体运动的方式与幅度来选择服装材料的。具体到本剧里，如军队中的士兵要表演的"爬杆"和"钻圈"都需要服装去适于身体的灵活与协调，然而作战服装却少不了坚实的铠甲，我们在巴黎城一起寻找了最合适的材料，实验出最合适的造型并达到视觉上的接近、穿着上的舒适之效果；匈奴族的装束以皮毛为特征，这对于完成"叠罗汉"的技巧丝毫无妨，但是在做"皮条"这种类似于空中吊环动作时皮毛便显示出过多的不适，如庞大的体积、虚松的毛质、严实的包裹等都不利于这种空中身体力量性技艺的展示。要保证这一组形象的基本特征，皮毛是不能放弃的，像影片中的写实性装扮也是不能取得，这个技巧中蕴涵的空中灵活与惊险、身体的力量与协调都要有完整的呈现。在服装款式上，采取了简化的方法，把长皮衣变成毛质与毛色各不相同的短披肩、护胸、护腰等，这样处理在统一中产生微妙的变化，突出了人物化的特点，也是在最重要的部位突出民族与地域的特征，夸张的肩部正好增加了人型的体积感；手臂的暴露，则既方便了缠绕于手腕的皮条使用，又能使观众欣赏到演员上臂的力量感。这是在用特殊质感材料表现杂技剧人物比较成功的尝试（图97、图98）。

三、杂技节目的服装设计

新时期以来，我国的杂技艺术在节目的继承、发展、创新上都有大胆的尝试和可喜的成果，这里面也同样包含了对节目形式的包装、依据内容对演员形象的重塑等。在节目形式上，设定了能将技艺巧妙穿插在特定的环境与内容的情景中，使舞台空间具有意境；在表演方式上，加入戏剧与舞蹈的元素，使演出的内涵更加丰富，表演形式更具美感（图99）。

当前的杂技舞台表演服装虽然是杂技、舞蹈、戏剧、音乐以及景、灯、效、服、化、道等舞台综合艺术构成的一个部分，但同时又是有别于其他舞台形式的一门独立的人物造型艺术。它既不像舞蹈服装那样极度强调唯美或写意，也不像影视戏剧服装那样过于讲求写实与功能，更不像生活服装那样只需个人崇尚

图97

图98

图99

图100

与得体即可。它是设计师通过舞台各方的艺术配合，用思维、创意、技术、材料对形象的物化，并且直接关联着最终的演出效果。

　　将技巧放在一个特定的情境里表现，也是一种很好的形式。如长春杂技团为欧洲巡演创作的高空钢丝节目"化蝶"，将两位具有象征意义的演员置于高空，在优美的音乐声中用杂技和舞蹈艺术的结合，重新展示了高空杂技的魅力。其服装在造型的样式上便具有舞蹈象征性的特点，其意应解释为：高空飞舞的蝴蝶。这个创意本身就意味着挑战，在高空作技巧的要求是"稳"，而"飞舞"则是一种动态。用淡粉和浅绿色的裙服设计能表现女孩的形体及娇柔的女性特质，加上过渡色的裙摆和刺绣的装饰图案，都增加了视觉的美感。但裙的长度要尤其讲究，过长有碍动作，过短又会丢失美感；因为高空技巧属于难度和险度较大的项目，通常都会选用比较简单利索的裤装；在背部采用了透明的软纱并且和手巧妙相连，手的动作带动轻纱飞舞，增加了层次感与朦胧感并且不妨碍

动作，同时也强化了主题的追求（图100）。

　　"兵马俑"是这次巡演的另一个有主题的节目，用于"爬杆"技巧的表现。所要解决的问题是怎样用传统兵阵的气势与秦代军人的威武来表现杂技艺术之风采。"爬杆"是一种地面与高空中结合的技巧，既有身体的力量性又有着灵活性。以著名的"兵马俑"的造型为基础，选择了大众熟知的灰色颜色和护甲作相应的强化与简化，将长款变成方便活动的短款，以伸延性能很好的弹力面料作为基础，有金属质感的银灰色材料经过填充做成分离的、有厚度的甲片，再组合成看似厚重却无重量的铠甲作为前身的装饰；后背则采用同种材料的绳索穿梭扎系的手法，既保证了身体极大的自由空间，其绳系的效果又有一种极为时尚的形式之美，扎系的另一功能也起到保护和紧张身体的作用；在保证具有"俑"的造型特征前提下，这套服装可以让演员无负担地在空中自由活动身体并且获得了成功的使用和演出效果。

第九节 ///// 演唱服装设计

每一个歌唱演员都希望能用合适自己的造型设计来演唱自己的歌，但有一点特别强调，无论她怎样期待自己的装束，都不要把舞台上最响亮的部位留给服装，除非她对自己的演唱没有足够的自信。一套过于华美与招摇的装束，会使人们的视线与心境脱离声乐欣赏的氛围和轨迹，过度关注处于从属地位的视觉形象，这对于歌唱家将是最大的折损。而低调的奢华，高调的雅致，才会是民众最终会崇尚的大家风范，只有当演唱的震撼让人们觉得外形已经无足轻重时，她的形象会和歌声一样深印在人们的心中。笔者的这般论调并不是主张声乐演员不去关心自己的舞台形象，而是希望演员与设计师能达成共识与默契，在浮华与奢靡的社会性痴迷中惊醒，以使演唱服的设计理念和发展回归到健康的道路上。

一、演唱服的分类及特点

演唱服的分类可以按演唱的形式分为合唱服、重唱服和独唱服，还可以依据演唱的风格划分成民族唱法、美声唱法、通俗唱法、摇滚唱法等演唱服。

合唱服：两组或两组以上的歌唱者，各按每组的曲调，同时演唱同一乐曲称"合唱"。根据演唱风格，以统一、庄重、高雅为服装的主要特点，如没有主题要求，女服以各种颜色的裙服、男服以西服、小晚礼服较多；民歌合唱的服装可以是中性的，也可以带有民俗文化或民俗服装的某些提示，但不主张过于强化的符号的处理；色彩以稳重、协调为佳。

重唱服：两个或两个以上的不同声部的歌唱者，各按自己声部的曲调，重叠着演唱同一乐曲，称"重唱"。有男声重唱、女声重唱、男女声重唱的演出形式。重唱服的设计要使两人建立起联系，在款型的设

计手法上达到一致；女服的色彩选择很宽泛，男服一般以黑、白两色居多，因为这是在与人搭配时最为保险的两个颜色，但更重要的还是要根据晚会的性质、演唱歌曲的内容、整台晚会的服装分配、演员的个人条件、歌曲的特点进行定位。

1.独唱服

一个人的演唱称"独唱"。独唱服装的设计风格和种类较多，重要的是依据演员的个人条件、歌曲的特点、演员演唱风格等条件确立色彩倾向、服装情绪、服装款型等。如果在大型晚会上的演出有伴舞时，还要顾及到与舞蹈服装的配合与协调的关系。

2.民族唱法演唱服

在声乐中民族唱法主要是指演唱具有民族风格的声乐作品时所采用的技术方法及规律。它们既是从戏曲、曲艺、民歌这些民族传统唱法中提炼和继承下来的，同时又借鉴和吸收了西洋唱法中优秀的结果。

演出服的设计要依据歌手的演唱风格，民族唱法的演唱服可以加入某些传统、民族、民俗、民间文化的元素，但一定要经过艺术提炼与升华。服装的民族性绝不仅仅是某种民间艺术形式的简单移植，这里透视了设计师的理念、修养与能力；民族唱法的演唱服也可以是中性的设计，与演员的气质搭配得谐调，仍不失为一种较稳妥的选择。除非是有主题的演唱会上有特别的要求，通常来讲服装上的语意尽量模糊一些，这样的服装会有较大的适应性，服装对演员来讲永远是从属地位，喧宾夺主总归是非正常的。

3.美声唱法演唱服

这是产生于17世纪意大利的一种演唱风格。具有音色优美、富于变化、声部区分严格、重视音区的和

谐统一、发声方法科学等特点。在欧洲文艺复兴思潮的影响下，逐渐产生了歌剧，美声唱法也逐渐完善。美声唱法在五四运动以后传入我国，并逐步在我国古老的大地上生根、发芽并发展到今天，美声唱法对我国乃至全世界的声乐艺术都有极大影响。

美声唱法的特质，揭示了美声唱法演唱服的特征，优雅、高贵、大气是它的基本气质。女演员的演唱服装多沿袭了西洋歌剧的设计理念，讲求造型的体积感、厚重的色彩、华美的材料质感等；男演员可穿燕尾服、小礼服和西服演唱，色彩以高雅、严肃、稳重为宜。

4.通俗唱法演唱服

以那种连说带唱、边唱、变动、边舞为表征的演唱形式叫做通俗歌曲。通俗唱法声音的主要特点是完全用真声唱，歌词内容接近生活中的通俗语言，轻松、自然、流畅；其演唱极为强调以情绪、情感的抒发来调动感染人的激情并感动听众；演唱时借助电声的音响渲染气氛，所以很注意话筒的使用方法和电声效果。演出形式以独唱为主，常配以舞蹈动作、追求声音自然甜美，感情细腻真实，是一种活泼、轻松、深受大众喜爱的演唱形式。

通俗唱法以青年群体或个体为主，所以其演出服也积聚了许多青春与时尚甚至是前卫的元素；其服饰风格也如其演唱风格一样可以是生活、自由、随意的，也可以是超脱、怪异、激进的，对它们没有特定的限制与要求；演唱者及演唱团队尽可按照乐曲特点，去追求自己一首歌或一个演唱时期理想中的服饰形象。

二、演唱服设计概要

演唱服款式：服饰风范与歌曲风格的谐调与兼容是首要的。如演唱浑厚激昂的陕北民歌"信天游"，穿低胸束腰加裙撑的钟形长裙肯定是不对路的；在音乐厅演唱西洋大歌剧选段"今夜无人入睡"，却是一身休闲的装扮，如若不是演员刻意去追求，也就未免过于随便了。京剧艺术中讲究的"宁穿破不穿错"的理念，认真品味起来，实际上可能是符合人物造型的普遍原则。

演唱服的设计与生活服装、影视戏剧服装设计理念的不同之处在于，它不仅仅是量体裁衣，其中最重要的一项使命是修饰缺陷，塑造完美的形体。将身体的尺度拉长，是每一个歌唱演员所期望的，其方法可以利用"增高法"和"视差错觉法"。前者的解决办法最为简单易行的就是利用高跟鞋增高，一般都有10～15厘米的高度；增高的另一办法是设计合适的发型，根据服装的款式和演员的脸型确定发型的样式，演员脸型如果不属于狭长形的，高耸的发型同样有助于整体形象的拉长；后者则是利用服装的结构、颜色、装饰的巧妙设计与组合等艺术造型手段所产生的拉长感觉；女裙服的设计大都会强调女性窈窕的腰肢，夸张臀部以下裙子的重量感，在颈、肩、胸、臂，这些女性最美丽的部位给予适当展露，尤其要记着给首饰的佩戴留下足够的表现空间。

针对不同形体条件的演员通用的规则是：身材娇小的演员，适合采用中高腰、在腰部打褶、有悬垂感的纱、皱、缎面料的服装，以修饰身材比例，并尽量避免下身裙摆过于宽大蓬松，肩袖设计也应避免过于夸张，腰线如能用V字低腰设计，可以增加修长感；身材丰腴的演员，适合整一的结构、直线条的裁剪，最好不在腰间断开以显得过于零碎，服装上的装饰要谨慎使用，一定要用装饰物时，花边花朵宜选用较薄的平面蕾丝，切不可散乱、烦琐。这类演员的颈部会比较短，所以一般不建议采用高领款式的设计。身材适中的演员，可以尝试多种款式的服装，对于她们无疑是一件幸事。

三、演唱服面料

面料的选择取决于作品追求的风格，而作品风

图101

图102

图103

发光类的材料，在黑幕的比照之下，视觉效果极为亮丽、美艳，都可以作为演唱服的面料选择。金属质感、皮质、漆皮质以及面料肌理比较时尚或另类的材料用于通俗或摇滚演唱风格的歌手是较常用的基础做法，用与之相悖的粗麻粗布粗纤维照料一下在自己的歌声中沉醉，在"重金属"里痴迷的时尚前卫中人，未必不是一个好的意念。

饰物：

饰物在此有两个概念：一是服装上的装饰物，如：用饰物装饰功能的设计来改变整体形态，突出高贵典雅，有重点地利用镶嵌、移植、刺绣、手绘、边褶、华丽花边、蝴蝶结、植物花卉的平面图形或立体实物，还可选择人造宝石、珍珠、蓝宝石、祖母绿、钻石等高品质的饰物进行镶嵌等手段，创造典雅、华美、民族、时尚等服饰印象。第二个概念是指演员佩戴的首饰，如项链、耳环、头饰、胸饰、首饰等，这些饰物与服装来讲并不是全都使用，它们之间的关系应该是有增有减，互为补偿，一个颈部粗短的演员为了淡化这一缺陷而采用了大开领低胸的设计，这时最好不用装饰物或不用繁复的项链；一个脸型较小的人对头部装饰不要过重；服装足够亮丽时就要削减首饰的分量以使整体造型有节奏感。与服装搭配得当无疑是画龙点睛，反之，则只能是画蛇添足了（图101、图102、图103）。

格又来自于演员的演唱风格及个人气质。常用的有丝绒、天鹅绒、丝光绒类具有奢华、高贵风范的材料，适合于有着同样气派的演唱者；皱缎、织锦缎、绣花缎、重磅绸缎等面料精美华丽且有一定的反光效果，较为适合身材娇小的女演员穿用；还有许多珠光类、

[复习参考题]

◎ 话剧服装设计与影视剧服装设计之同异有哪些？

◎ 戏曲服装的审美特征与设计理念是什么？

◎ 舞剧与舞蹈服装设计有何不同？

◎ 歌剧服装设计的特点是什么？

◎ 人偶剧、杂技剧的服装设计特点是什么？

第六章 服装设计与艺术

本章重点 》
论述了绘画、雕塑、建筑艺术、民间艺术与服装设计之间的本质区别与亲密联系；用可读、可视的比较方式揭示了东西方民族的思维、文化、艺术、审美之特点。

学习目标 》
建立多方位、多层次、多角度、多空间的创作思维理念，尝试与享受创作的艰辛、美妙、愉悦。

建议学时 》
8课时。

第六章　服装设计与艺术

第一节 ///// 绘画与服装设计的关系

在众多的艺术种类之中，任何一种能够独立门户的形式都有其存在之理由，都有不同于另类的创作方式、呈现方式、欣赏方式、传承方式，绘画艺术与服装艺术自然也无例外。尽管它们之间也以姐妹兄弟相称相待，但任何一种简单、浮浅、生涩的抄袭、移植，都会使自己误入歧途。

一、绘画与服装的比较

绘画是一种在二维的平面上以手工方式临摹自然的艺术，其意义也包含利用艺术行为再加上图形、构图、颜色及其他美学方法去达到画家希望表达的概念及图像；服装设计是以人作为对象，同时考虑其机能性、装饰性和社会性等因素，选择素材和色彩，运用一定的技术完成服装造型，使设想成为实物化的创造过程。除了这些对艺术形式所下的理性概念定义之外，绘画与服装艺术的精神实质都应包括反映人类所应有的那种坚定的自信、伟大的心灵以及人的所有比较光明的价值部分，都将塑造典型的人物性格与形象作为追求的理想。

几千年以来，绘画曾经是那样重要的，无论是王公贵族还是庶民百姓都会自觉地对它投以崇敬之心。原因是它代表了跟人类信仰相关的、人类内心渴望的、能够在人们的生活之中起到支撑作用的、能够反映人类所应有的那种自尊、自信、自强的伟大心灵生活以及人的所有比较光明的价值部分；它代表了人类精华的思想感情，它在人们的心灵起到过重要作用，画家们以卓越的心智和才华，使绘画走到表达人类的精华感情和心灵活动的过程之中。

绘画艺术对服装产生的影响之大之广，致使人们在探索这些服装设计风格的同时，禁不住会去追溯至某个绘画流派、某个大师、抑或是某个具体作品；在提到诸多现代绘画流派时，也会自然而然地想到由此而衍生出来的服装设计风格；无论是文艺复兴盛期包括在它之前的自然主义，还是19世纪的印象主义、立体主义，以至20世纪的未来主义、超现实主义风格的作品都表达了画家对现实存在、思想内涵、精神理想的全部内在的升华感，并使这些作品成为有关严格的理性与人类信念存在的标志。作品中寻找绘画的持久存在与人性高层次的精神存在，选择并实践着一种高级的持久精练的造型方式。而所有这些追求与探寻反映在画作里又都离不开那恢弘的场景、弥漫情绪气氛的环境、极具典型性的人物、表达清晰的色彩，而这些也正是舞台与影视艺术所要追求的真谛。难怪它对服装设计师有那样大的诱惑，使绘画艺术与服装设计这原本是两种表现方法和形式完全不同的艺术有了那样密不可分的亲情，让那样多的服装设计呼吸着绘画艺术的新鲜空气，滋养己身，不弃不离。

二、绘画作品赏析

《室内的农夫一家》是法国画家路易·勒南在17世纪创作的现实主义风格的油画，作品描绘了当时生活在法国农村淳朴、谦逊的一家农民。这犹如一个舞台场面的凝结，一个影视画面定格的绘画，将环境、色彩、人物、气氛处理得完整、严谨、精美。画中除了对当时的人物服装有精准的形象记载，可供后人研究欣赏之外，最具震撼力的当属对于人物性格的刻画：深谙世态炎凉、终年劳碌的母亲在画面中处于重要位置，她显得苍老、疲惫，然而却显得十分高贵，这是生活的艰辛所造就的孤傲，而透过这种深刻的人物形象，我们看到了一种面对艰难生活的勇气和坚强的信念；从田间劳作归来的父亲似乎不管家务，从他在餐桌前的座位就可以看出这一点；那个吹笛子的男孩沐在柔和的光线里，与那专注的目光中，形成了一幅十分柔和的肖像，好像孩子在他们的父母之间搭起了一座沟通的桥梁；孩子的清纯与父母的苍老形成了惊人的对比，这不仅让我们深切地感受到生命的短暂，同时又让人们对未来寄予一种希望。这幅绘画给人的另一种思考则是画家当时是以一种多么深厚的情感去描绘这一家人，这不正是每一位设计师在创作时所最需要的吗（图104）？

《疯女人》《卡涅的风景》是20世纪上半叶欧洲表现主义运动的代表画家柴姆·苏丁的作品，这位旅法俄国画家作品的实质在于直觉的力量，在于形式上不受控制，但又是具有无限描绘性的笔法。无论是在他的风景还是人物画中都充满了激昂、运动。他的画风粗犷、夸张，他所描绘的人物丑陋、神经质、夸张、冲动与扭曲，但似乎在他眼里这样才是真实的。他的人物往往强调使用一种主导的色彩——红、蓝或白，围绕这一主导色彩，建立自己的艺术概念。苏丁的秘密无疑在于爱的广博深沉，他不能容忍人们的不相沟通(他曾因此遭受过巨大痛苦)，也不能容忍僵化和死板空洞。哪怕是表情木然的面孔，哪怕是那片房屋、树木，他也要毫不犹豫地融入自己的勃勃生气，赋予它们与人类交流的言语。苏丁的创作观给我们深刻的启迪（图105）！

在我国绘画界具有"千古绝唱"的《清明上河图》是北宋画家张择端的长卷绘画，描绘的是汴京清明时节的繁荣景象，它既是当年社会繁荣的见证，也是北宋城市经济情况的写照。通过这幅画，让我们了解了北宋的城市面貌和当时各阶层人民的生活。绘画的中心是由一座虹型大桥和桥头大街的街面组成。初看，人头攒动，略显杂乱；细瞧，人物可谓千姿百态。大桥西侧有卖水的、算命的、围成圈看戏的，摊

图104

图105

贩在货摊上摆有刀、剪、杂货；许多游客凭着桥侧的栏杆指指点点地在观看河中往来的船只；大桥中间的人行道上是一条熙熙攘攘的人流；有坐轿骑马的，有牵着骆驼闲逛的，有挑担赶驴运货的，有推独轮车快跑的……大桥南面和大街相连。街道两边是茶楼、酒馆、当铺、作坊。街道两旁的空地上还有一些张着大伞的小商贩；街道向东西两边延伸，一直延伸到城外宁静美丽的郊区，可街上还是行人不断：有挑担赶路的，有驾牛车送货的，有赶着毛驴拉货车的，有驻足观赏汴河景色的……作品丰富的内容、众多的人物，规模的宏大都是空前的。《清明上河图》的画面疏密

相间，有条不紊，从宁静的郊区一直画到热闹的城内街市，处处引人入胜。提供给后人的已经远远超出一般绘画所能蕴涵和储存的能量，具有极高的审美价值及史料价值（图106）。

服饰设计师要用真诚去了解和关注画家的心灵对于人类生活形态、情感归属及文明发展的真实祖露。因此，不论是敦煌莫高窟壁画的优雅造型、亨利·马蒂斯的色彩控制，还是霍安·米罗的《星座》式符号，甚至是夏加尔超脱尘世的梦幻抒情，等等，都会给服装设计带来新的灵感和新的启示。

在绘画中对服装设计能产生的作用可归结为三个方面：在绘画的本质与精神中获得启迪与感悟；以图画中所提供的环境、背景、人物的形象描述为依据的设计；巧妙的绘画作品的移植使用。无论怎样，保持

服装设计自身最完整的姿态、最独特的语言，才是职业赋予的使命。

图106

第二节 ////// 雕塑与服装设计的关系

人们常常把服装艺术浪漫的叫做"活动的雕塑"和"软雕塑"，这真可谓是一种美妙的联系。这种联系能将人们思维一下带入那凝定、浓缩、静穆的美感联想之中，让思绪蓦然纯粹，让心境豁然纯净，让脑海里不由得会推进、放大那一幕幕灵动的能和你对话的雕塑影像……

一、雕塑艺术与服装艺术的比较

这两种艺术形式最显著的相同之处在于它们都是以生活、信仰、理想为创作的出发点，用三维的手法去塑造对象立体的形态与体态，用真实的情感去刻画对象神态与心灵；它们展现的是体积之美、体态之美；雕塑艺术与服装艺术都是使用占空间的物质材料用各自的造型手段创造出具有一定空间的可视性、可触性的艺术形象，借以反映社会生活，表达艺术家的审美趣味、审美情操、审美理想的艺术。所以它们都

属于空间造型艺术的一种，只是服饰艺术在后期的展示过程中又增加了时间性。

它们在创作过程、完成的作品、观赏的性质等多方面又有极大的差别，故而又成为相互独立的艺术形式。

从创作过程上看，雕塑家多以人类生活、情感作为创作素材，于是便把人在生活中最典型、最具魅力的形态或神态捕捉到并在作品中加以升华、凝定。我国著名的秦始皇兵马俑阵、汉砖雕刻、云冈石窟雕塑、大足石刻，欧洲的古希腊、古罗马、文艺复兴时期、近现代的种种雕塑，都是以表现人类为重要素材，即使是在许多现代艺术作品中也仍保留了这种特征。尽管在表现人类方面也有许多作品，同时也生动地刻画了穿着在人物身上的服装，如希腊化时期的《萨默德拉克的胜利女神》《米罗斯的阿芙罗蒂德》等名作，但服装只是对人体的依附；服饰艺术尤其是演出服装的构思与创作过程则不同，它虽然是以人体为中心，以衣料为材料的造型物，但其活动过程不

是为了去塑造仿真的人体，尽管它也会依照身体取测量准确的尺寸，但最终是为取得人体的附加物——服饰，并借助于它遵照创意的需要去改善和修正人物形象中所不需要的部分。

从完成作品上分析，雕塑品在创作过程中会一直依附于人的原型，以确保最大的形似，一旦完成便脱离于人型而独立存在并且具有自己的全部价值与意义；服饰艺术则正相反，它在开始阶段不是直接模仿人体，而是创作适合于人体的附着物，但作品一经完成，它却要即刻依附于具体的人或具体的戏剧角色，服饰的全部意义要在使用中完成。

从呈现方式看，雕塑呈现的是融入了艺术家的审美与情感的静止、固化的独立空间形象，作者力求通过观众对作品的欣赏达到自己所要传达的全部内容；而服装则是必须要与具体的人和角色合二为一，在演出环境中展示自己的性格、风采及魅力，并实现其艺术价值。

服装与雕塑艺术的差别还在于它们和生活中的人之间的关系，雕塑艺术脱离了活动的人而孤立存在；服装则是借助物质手段直接美化人自身的艺术。这两种艺术中还存在一种极为有趣与微妙的对比，即动态与静态的对比。雕塑是在相对静止的材料物质中追求动感，具体方式就是让身体鲜活起来、让姿态运动起来、让表情活跃起来、让心灵跳动起来。这些作用贯彻到具体的作品中，无论它的用材是冰冷的石、玉、金属、泥、冰、贝壳，还是温性的木、陶、骨、漆、根；不管用圆雕、浮雕还是透雕哪一种形式，那作品都势必鲜活起来并在其中产生无形的巨大张力，与宁静的状态形成鲜明的对比；而服装艺术则恰好相反，它是在运动中连贯地展示自己优美的动态，并追求将那最美的刹那凝定下来，以深深地铭刻于观赏者的心中，这也许是许多艺术家选择以雕塑感的方式表现自己作品的原委之一。

二、中西方雕塑艺术的差异

在我们对雕塑艺术的学习与欣赏中往往会发现中西方雕塑艺术会呈现出差异很大的不同艺术形态。这种不同可能会与地理环境、文化源流、思维模式、哲学理念、宗教信仰等诸方面因素的影响有关。下面将选出一些可能会对专业思考有联系的问题探讨。了解这些或许对于我们如何欣赏以及在作品中如何融入姊妹艺术的相关语言和手法不无帮助。

在思维模式上，中国传统艺术追求天人合一，把宇宙视为一个统一的整体，是综合的一元论，于是便形成了强调直观意向的思维方式，它主张通过直觉来体验、感悟、把握事物。这种思维方式超越了一般的逻辑概念而更赞赏源于创作者心智的悟性；西方传统艺术思维模式则强调以分析为手段，将研究的事物视为不同的组成部分，是一分为多的解析论。这种思维方式极为重视逻辑推理，从而形成了西方重分析、重抽象思维模式的文化特质，它结合古希腊的科学主义和理想主义，为雕塑艺术的典范奠定了重要基础（图107、图108）。

图107

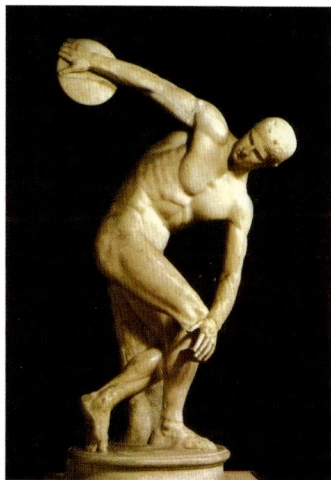

图108　　　　　　　　　　　　　　　　图109　　　　　　　　　　　　　　　　　图110

文化特质的不同表现在雕塑艺术上，便形成了中国雕塑注重意向浑厚和意境深远的造型观念，并崇尚用表现、写意、象征的手法去追求美和善的统一；而西方艺术中倾向用模仿、再现、写实的手法追求美和真的统一，这也便造成了中西传统雕塑中最大的差异。中国传统艺术中的"善"所体现的是"德"，即伦理性；而"真"体现的是西方雕塑的科学性与知识性。基于伦理性所限，中国雕塑艺术羞于以裸体形象面世；基于写真与科学性的造型理念，西方雕塑自古希腊以来就一直是以塑造人体为主；西方的雕塑注重形体的比例、结构、神态与转折。从文艺复兴时期意大利的圣杰米开朗琪罗到法国近代雕塑大师罗丹都遵循着这种规律，而中国古代雕塑强调神与气的贯通，由此也构成了西方雕塑写实、中国雕塑写意的不同特征（图109、图110）。

就哲学的理念而言，中国哲学的始祖孔子讲仁，"仁者爱人"，"肫肫仁也"。这种血缘的亲情是割也割不断的，在宗法社会基础上成为中华文化的基石。从殷周之德到孔子之仁，从孔子之仁到孟子之性，都是血缘温情。而西方的诸多学说都起源于哲学，在古希腊，对哲学的定义就是爱智慧的学问。于

是也造就了西方人在各门类艺术中都要探寻规律和法则，并制订严格的界限，西方雕塑艺术也无例外地有其特定的门类规则和创作方法。这在雕塑中，就出现了我们现在看到的中国的雕塑偏"神似"，西方的作品重"形似"的问题。一个是感性的对待，一个是理性的对待；一个"唯情"，一个"重智"；中国雕塑着重对物象神韵的把握，在艺术作品中加入自己的感情，更关注的是功能、关系和韵律的审美意识以及人物和动物的神采和意蕴，并加以有意的突出、夸张或变形，使形象更为鲜明；而西方雕塑中将形的概念融入几何形的类型化之中，在哲学和科学双重精神的支撑中，从对物象的模仿而达到对比例、结构、解剖的充分尊重和近乎完美的相似状态，为传统的人体雕塑和现代的抽象雕塑制订出可以遵循的科学法则并成为后人所仰慕与推崇的典范（图111、图112）。

三、雕塑在服装艺术中的应用

雕塑艺术为世人留下了用三维角度获取的视觉享受，同时也成为服装造型引其所用的资料。中国石窟艺术中的雕塑表现出与绘画艺术的密切结合，使历史和形象的考证更为具体化；彩陶、青铜器、砖、石、

图111

图112

玉等工艺品的刻画非常注重意向的表达，它们包含了深厚的文化内涵和对造型艺术独特的理解。西方古典艺术以科学与严谨的态度去歌颂和表现人类，并留下了众多美轮美奂的形象资料。古希腊雕刻的特点是：人体比例均匀，形体结构严谨，肌肉富有弹性，衣纹线条生动流畅且有变化，除有效地表现服装的质感之外，还通过服饰表现与人体的关系和人物体态的优美。希腊雕刻创造了崇高、典雅、完美的人物形象；而罗马由于僧侣风俗和祭祀礼节的流行，艺术家刻画着衣的人物形象较多，这也是从另一种角度为后人留下的财富。

雕塑艺术的最大魅力是雕塑家如何将本无表情的材料赋予鲜活的质感与灵动的生命。即使是在我国殷周时期的青铜器皿及生活用具里刻画的多是夔龙饕餮一类的灵怪猛兽，也充满了狞厉之美与力量之美；汉代的画像刻石，内容广博，人物生动，大有呼之欲出的灵性；龙门石窟的大佛完全就是一件将天、人、神的情感合为一体的杰作；而西方自从古希腊创立并奠定了以人为主题的雕塑形式后，一直到现代雕塑兴起的2500年中，人像始终占据着雕塑题材的主导地位，涌现出众多优秀作品。从展放在罗浮宫殿里的希腊雕塑极品，到罗马圣彼得大教堂及佛罗伦萨广场的杰作，人物情感生动鲜活，动作姿态丰富多彩。纵观这些雕塑作品里，无论是西方推崇的"形似"还是东方信奉的"神似"，不管是理性地对待对象还是感性地对待对象，在雕塑领域的一个永久的话题就是给作品注入永恒的生命，这是古今中外的艺术家们共同追求的一致目标。

在雕塑艺术中最为突出的语言是它的体积感与膨胀感，最为明显的特征是它的静态美。而这两点的结合所产生的静中有动、动中有静的张力与对比所产生的视觉效应，对于开启服装设计师的智慧会大有协助。实际上许多设计师面对那感人的艺术不可能视之漠然，早已自觉或不自觉地接受领会，兼容并包，相互陶冶，形成一种具有雕塑语言风范的服饰风格（图113、图114、图115）。

图113

图114　　　　　　　　　　　　图115

图116

　　早在30年代，意大利女设计师施爱帕尔莉就指出：服装设计应该有如同建筑、雕塑般的"空间感"和"立体感"。著名的克里斯汀·迪奥、夏奈尔、皮尔·卡丹、伊夫·圣洛朗、瓦伦蒂诺·加拉瓦尼等设计大师都尝试过带有雕塑风格的作品。巴勃洛·毕加索是"立体主义"艺术的开山鼻祖和集大成者。其绘画可以说对服装的渗透与影响是巨大而持久的。引领设计师争相在其中寻求灵感，在不断挖掘摸索的基础上，众多的服装设计师纷纷追根究源，从"立体主义"绘画中获得瑰宝用以作为一种服饰语言的自我表述。极富创意的服装大师皮尔·卡丹在上世纪60年代推出了"宇航风貌"设计，用几何形的外轮廓造型，头盔的半圆形控孔与上装半圆形裁剪相呼应，呈现出幻想中的立体空间。

　　最具艺术家特质的日本籍服装设计大师三宅一生曾运用"超现实主义"手法，尝试过多种将东方传统文化和西方现代精神融于一体，将服装艺术与雕塑艺术集于一身的设计风格。他在上世纪80年代期间将服装纤维材料的质感和丰富的色变与雕塑的体积感和圆润感的对比性结合的作品，让人们惊叹他超人的才智与惊人的想象，对服装雕塑感的通常理念实施了彻底的颠覆（图116）。

　　设计师还采用披挂和包缠的方法来表现服装面料的肌理效果和形态的适体宽松，用材料的硬朗形态叠塑出立体的造型，用超体积放大衣角衣边以破坏服装的固有模式，用肩部到下摆放射性大衣褶夸大张力、表层材料的仿真及造型的极度夸张等等手法，都具有浓烈的立体、雕塑视觉效果并令人赏心悦目。

　　雕塑艺术为服装设计师留下的不仅仅是以三维的角度获取的外在视觉享受或是单纯所要收取的服装资料。和那不朽的艺术自身所具有的特质一样，坚实中带有张力、浑厚里蕴涵宽容、凝定中溢着鲜活、寂寞里吟歌永恒的精神才是造型艺术中最为闪光的品质。

第三节 ////// 建筑艺术与服装设计的关系

　　建筑与服装的渊源由来已久，早在中世纪时期就有人把服装叫做"流动的建筑"和"为身体搭建的建筑"，将建筑与服装之间的微妙关系描画得有模有样。

一、造型语言的通用性

在造型使用的艺术语言上，建筑与服饰有几近相同的概念，包括空间、形体、比例、均衡、节奏、色彩、装饰等诸多构成艺术造型美的因素，都被它们共同所用，因此，也构成了这两种艺术之间的亲缘关系。用服装制作的术语讲，建筑艺术在本质上就是"立体裁剪"。我们知道服装造型的三个决定性元素是形态、色彩和材质，而建筑设计语言中也是将造型（结构）、色彩（光）和材料（肌理）放到最重要的位置。尤其是在形态构成和色彩这两个因素上，建筑和服装的相同之处更为明确。在形态结构上，建筑和服装都具有"容器"及功能性的特质；人是载体，以人为本是其设计原则。建筑物与服装，不论它们完成以后的造型如何，都是使用基础几何形体排列组合而成，都涉及比例、尺度、节奏、韵律等造型法则运用和处理。

中国故宫在皇室建筑方阵里当数世界上目前保存最完整、规模最大的古代皇宫建筑群，也是人类巨大的建筑艺术瑰宝。我们在对这一屹然挺立的伟大文明欣赏的同时感悟到建筑与服装的亲密关系。

宏大的空间设计：空间是建筑的基本形式元素，它通过创造各种内外空间用以满足人的需要。巧妙地处理空间可以扩张建筑的魅力。故宫的建筑艺术可称作伟大的建筑群体组合的艺术。它的整个建筑空间变化丰富，体量雄伟，外观壮丽，有虚有实。同时对群体间的联系、过渡、转换等处理得同样精到，构成了丰富的铺陈展开的空间序列。尤其是整体的形态和色彩与周边的民居形成鲜明的比照，当我们借助于现代化的工具俯视它时，不能不为祖国大地屹立的这件智慧与艺术的结晶而感到自豪；在戏剧服装设计中，这如同一组宏大的史诗题材的人物空间布局：这里有主要人物最显赫的表演区，有突出的空间高度，有响亮的主体形象，有群众演员庞大的对比和烘托的阵势

（图117）。

威武的布局结构：故宫整体布局分为南北两部分，也叫做前朝后庭。南部以太和殿、中和殿、保和殿为中心，其中太和殿的建筑体积、面积、高度都是故宫乃至京城之最，是整体建筑乐章中最响亮的部分。两侧辅以文华、武英两殿，是皇帝朝政和举行大型典礼的地方。三大殿建在8米多高呈"工"字形的须弥座式三层平台上，四周环绕着石雕栏杆，气势磅礴，为故宫中最壮观的建筑群。除了外观的整体布局，室内的布置也极为讲究，仅举太和殿为例，殿内的布局极其简单，皇帝的宝座是唯一的主角，使得帝王的目光可以普及洞察到每一个角落，表现出宫殿主人至高的地位和皇权的威严。北部的寝宫及园林建筑，既丰满了整体布局又与三大殿形成高低、大小、形态的对比；在影视、戏剧的服装设计中，无论是一部完整的大作，还是单就一件具体的服装而言，都应站在相应的高度，用这种大智大勇、大手笔的布局意识和严谨的构造方法去构建我们每一项大、小服装艺术工程。

饱满的形体塑造："形体"相对于建筑物是指其总体轮廓。故宫的建筑体魄气势恢弘，雄伟健壮，规模巨大，整体形成了阳刚之美。它南北长961米，东西

图117

宽753米，占地72万多平方米，建筑总面积达16万多平方米，现有房屋8700余间，四周环绕高约10米的城墙和宽52米的护城河。然而，在这总体的大形态中却不失对诸多"形体"细节的精雅处理：宫顶的曲线、廊柱的蜿蜒、后花园的多姿、环抱全城的水系，以至北端的景山，这里呈现的阴柔之美，让它在装点自己的同时，又为这东方巨人的形象添加了广博的内涵；服装设计同样是塑造形体的艺术。在生活中，人们早已不满足于服装那最初的仅为遮体避寒的功能性，如今，人们都在选择和设计着自己理想的着装方式与样式以适应时代对于形体的审美嗜好。舞台上，更是要依照角色的需要去塑造适合他们性格的健壮、秀美、圆润、修长、臃肿、单薄、佝偻、挺拔等多样的形体。

精准的比例分配：建筑中的比例是指巧妙处理其各部分之间的关系，长宽高、凹凸、轻重、虚实比例都直接影响建筑的整体美。故宫整体建筑的比例和谐令人赞叹。以中国古代建筑外观上最显著的特征——屋顶形式为例，故宫的四座角楼，其屋顶结构极其玄妙奇巧，檐角秀丽，造型玲珑别致，外朝三大殿的屋顶虽为三种不同形式，但顶的大小、檐角造型与墙身高度和比例都极为协调，使这三座紧密相连的宫殿具有十分鲜明的建筑特色。太和殿9：5的长宽比例，代表了九五之尊的皇权理念，此外，主建筑群与辅建筑群的比例，建筑物与空间、楼台、廊柱、广场等的比例都分配得十分合理。在服装设计中，比例的使用几乎无处不在：服装的大小之比、长短之比、色彩分配之比、材质的重量之比等，而大凡是第一视感舒服的作品，它的比例分配一定是适中的。

和谐的节奏律动：人们把建筑说成是"凝固的音乐"而将音乐叫做"流动的建筑"。故宫利用建筑物的墙、柱、门、窗等有秩序的排列及重复的出现，产生一种律动；故宫的廊柱，从天安门经过端门到午门，也有着明显的节奏感与韵律感，两旁的柱子有节奏地排列，形成连续不断的空间序列。这种实际让建筑和音乐共同搭建起一个美妙的时空，给庄严凝重、整肃周正的皇家宫苑增添了几许活跃与流动；节奏作用与服装能为自身增添魅力与活力，会焕发出令人振奋的生命感和跃动感，令人愉悦兴奋或紧张激动，并有调节演出环境气氛的效果。

绝美的装饰技艺：紫禁城的宫殿建筑中大量使用了雕刻、贴金、镂金、漆画、景泰蓝、玉石及螺钿镶嵌、硬木贴络、绸缎装裱等封建社会所能采用的一切工艺美术手段，将高超的建筑技术与艺术融为一体，体现了我国古代宫殿建筑的最高成就。而这种手段在服装中的运用几乎无处不在，并且同样具有对应整体、突出品质、升华精神、画龙点睛的多种功能。

响亮的色彩呈现：色彩的应用在建筑中不仅是表面的装饰，更重要的是建筑学表达形式上的客观有力的工具。色彩将影响着建筑的光学感受与比例及艺术风格在环境中的展示，以体现结构方案的稳定感与生命力。故宫建筑留给人的印象是强烈与深刻的：深红色宫墙、黄色的琉璃瓦顶金碧辉煌、朱红色的柱子与门窗、檐下处于阴影部位的青绿色略点金的建筑彩画，在白色台基的衬托下，使建筑物各部分轮廓分外鲜明，迸发出色彩碰撞后的玄妙、壮美的音响。这些大胆、强烈的色彩组合得如此完美，别具一格，并成为建筑物的有机组成部分，从而使建筑物更加精美雄浑、富丽堂皇。除了大色块的布局外，在屋角处做出翘角飞檐装饰的各种雕刻彩绘、在屋脊上增加华丽的走兽装饰，以及宫内门上九九排列的金色门钉，都作为局部色彩的装饰与点缀，与整体建筑浑然一体，遥相呼应，构成故宫建筑特有的艺术形象，带给人们独特的审美感受；对于服装设计，色彩更是一件贴身的法宝：那些明快美艳的、凝重质朴的、纯洁透彻的、阴损龌龊的、青春靓丽的、衰败萎谢的、欢乐放纵的、忧郁自闭的、高贵精雅的、卑微粗陋的、俭朴素洁的、浮夸奢靡的等等，对于作品的情绪、情感、情调的追随都得以在色彩中找到代言。

故宫的砖瓦木石、空间布局、色彩装饰都昭示着中国人曾经的文明遗址和理念。值得提到的是，中外宫殿庭院的建筑风格与主人的服饰风范不无联系。以故宫这一明代建筑作比较：明代皇帝的常服成为龙袍，上面绣有龙纹、翟纹和十二章纹，以名贵高级的黄色纱罗织面料制成并配以金冠。龙袍的整体造型宽阔、大气、雄伟，色彩明艳，质地华丽，与紫禁城内外的建筑面貌与特色融为一体，象征着主人至高无上、唯我独尊的皇权气概（图118）。

二、服装设计中的建筑风格

从古到今，服装的许多灵感都来源于建筑，其文化特征、审美格调、结构样式、色彩装饰、造型轮廓等这些在建筑中备受关注的元素，时常成为服装关注的焦点，并构成服饰变化和建筑文化的微妙联系。

欧洲的服饰发展与各个时期的建筑文化艺术一脉

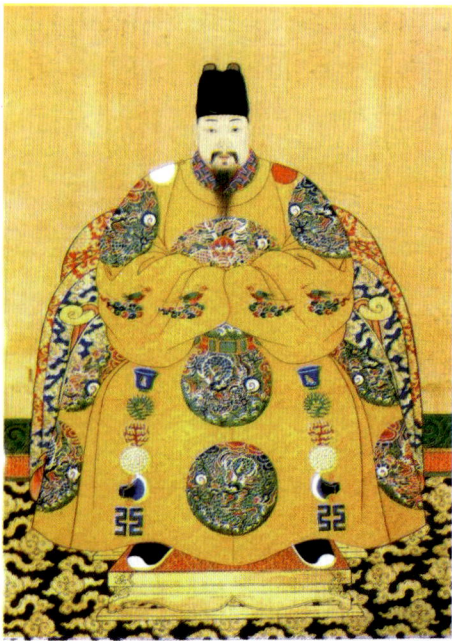

图118

相通。在服装造型上也有人们熟知、较为典型的古希腊、古埃及、罗马式、哥特式、巴洛克、洛可可等艺术风格等。服装与建筑在各个时期相互影响、相互促进。

11世纪下半叶，哥特式建筑首先在法国兴起，其特征在教堂建筑中尤为突出：塔尖高高耸立，在墙面上有与其同样的呈矢状高耸的大面积色块的彩色玻璃，使整个教堂显得轻盈挺拔，仿佛即将升腾起来并飞向上帝。13世纪以巴黎圣母院为标志的哥特式建筑很快从法国波及整个欧洲，受其影响，哥特式风格服装的颜色选择以黑色为主，给人神秘、性感和高贵的感受；其次，借用教堂玻璃的颜色，选用红色（大红、暗红）、深紫色（茄色）、墨绿、湖蓝以及灰色与黑色搭配使用；在服饰造型也常用尖顶的形式和纵向直线，甚至连鞋、帽、头巾都是呈尖头形状的；镂空的效果是经过蕾丝与面料的叠加而产生的，显现的透空与朦胧效果极为别致，以至在后来的洛可可风格的服饰中将蕾丝那种"犹抱琵琶半遮面"的情调发展到一种"媚"的俗地。镂空从黑色花纹网中透出的红或紫色，产生神秘而性感的视觉感受，在镂空面料的服装下隐约透出苍白的皮肤，这正是哥特式风格的特点之一；面料花纹这种在面料上的暗花多以图腾或圆线条为主，兼有花草图案直接织或绣在面料上，这种面料不显张扬却也不失内容，代表了民族特有的细腻与考究，充满了贵族的气质；繁复的褶皱与简约的线条褶皱堆砌出的层叠效果给哥特装增添了一丝奢华。哥特风格服装的面料多用柔软的雪纺面料和绸缎、纱、蕾丝来表达女性的婀娜与性感。特别是轻薄的雪纺，衣者宛若从地狱飘来的邪恶天使，让人可望而不可即；男装中除了使用华丽的绸缎外，还采用了帆布、皮革等材料彰显男性的刚强与坚韧，并洋溢着统治者的风范（图119、图120）。

16世纪晚期和17世纪的反新教改革运动在欧洲某些地区掀起了一种狂热的宗教情绪。巴洛克式的

图119

图120

了不暴露建筑上丑陋的接缝，从天顶到墙面，从场景到柱身，处处描绘了惟妙惟肖的图画，那些天使们仿佛翩翩而至，赶来参加这场凡间的艺术的盛会。艺术家用丰富的想象力和创作的激情，打破理性的宁静与和谐，创造出既有宗教特色又有享乐主义色彩的略带浓郁的浪漫主义；运动与变化可谓是巴洛克艺术的灵魂；巴洛克艺术强调艺术形式的综合手段，在建筑上重视与雕刻、绘画等多种艺术的综合，这个时期建筑家常和雕刻家、画家一起以一种具有戏剧效果、轻盈活泼的方式相互合作、取得平衡，并常用穿插的曲面和椭圆形空间来表现自由的思想和营造神秘的气氛。在法国路易十四的太阳王朝时期，巴洛克艺术达到了巅峰。其特色可以形容为：夸张的激情、过度的华丽、高昂的气度、感人的情调，并且以形式的对比性和灵活性、强烈的装饰感和明显的动势感成为其建筑的重要特征。路易十四时期著名的凡尔赛宫及国王本身的装束就是典型的代表作（图121、图122）。

巴洛克服装风格追求的是繁复夸张、富丽堂皇、气势宏大、富于动感的境界。服装分别有荷兰式、英国清教徒式和法国式。尤其以法国巴洛克服装承袭的建筑特征最为明显，并表现在：风格极尽奢华、色彩艳丽、装饰夸张、造型丰富多变，不拘一格，带给人强烈的视觉震撼之美。巴洛克服饰的特点：花边、缎带、长发和皮革的时代。男装最大的特点是大袖子上的花边装饰，靴子也成了时髦，还有羽毛大帽子和佩剑，穿短马甲并突出被大量丝带重重装饰的多层灯笼袖的衬衣。历史难以再找出哪一个时期的男性会如此妩媚。女装的基本特点是：上紧下宽，夸张后臀部，利用繁多的褶裥、重叠的花边、炫目的装饰去塑造雍容华贵的形体，拉夫或敞领造型，紧束的细腰，多层打褶的裙子使腰部以下显得膨大，最外层裙料从中间开衩呈现出"∧"形，使内外裙在色泽、质地、曲线的对比中产生华美的效果，并展现出女子特有的性别

教堂最能传达宗教运动这幕历史剧和它昂扬的情绪。巴洛克建筑彻底摒弃了文艺复兴时期内敛的、有秩序的且常表现出对称性平衡的艺术形式，以新的浪漫方式融合了古典和文艺复兴时期的建筑形式，如对于教堂建筑中的柱子、圆拱以及柱头的处理，艺术家们为

图121

图122

今天。路易十四是个富有激情、智慧、浪漫并极为崇尚完美的君王，因为自己身材较矮，便穿上了特制的15厘米高的鞋子以增加高度，强调威严感。君主的身先士卒感召全国上下的男士争相效仿，发展成后来风靡全世界的高跟鞋。不过，路易十四纵然有再大的智慧，怎样高瞻远瞩也不一定会预见到他的发明如今基本是女士的专利。

随后的18世纪是法国洛可可艺术的艺术样式，发端于路易十四时代晚期，流行于路易十五时代。风格纤巧、精美、浮华、烦琐，又称路易十五式。

18世纪初叶，当巴洛克风格的艺术在欧洲各地流行的同时，另一种"洛可可"艺术风格在法国产生，它与法国贵族阶层的衰落和启蒙运动的自由探索精神以及中产阶级的日渐兴盛有关。虽然在表面上看，洛可可艺术与建筑似乎没有直接的关联，主要是指在法王路易十五时代（1715年以后）的一种以C形、S形曲线或旋涡状花纹为其特色，甜美轻盈、精致华丽的室内装饰风格，而实际上却是相对于路易十四时代那种盛大庄严的古典主义倾向，对巴洛克艺术的宗教气息和情感表现的叛逆。洛可可风格的出现使巴洛克艺术中壮丽豪放的气度被瓦解，而富于表层的漂亮形象、艳丽色彩和跳跃的律动被承袭下来并被继续发扬到艳俗的极致。洛可可风格因构图不对称，而带有轻快优雅的运动感，色泽柔和自然，嫩绿粉彩色系被大量运用。在形成过程中它还受到中国艺术的影响，特别是在庭园设计、室内设计、丝织品、瓷器、漆器等方面。由于当时法国艺术在欧洲的中心地位，所以其艺术的影响也遍及欧洲各国。洛可可的烦琐风格和中国清代艺术相类似，也是中西封建历史即将结束的共同征兆。

洛可可风格的女装毫无顾忌地放大了装饰艺术的特点。妇女内穿束身马甲，裙撑架再度兴起，其形式为前后平、左右对称；外穿膨裙，常加上一件类似披风的外套，领口呈大的U字形，这种风格源自1715年法国路易十四过世之后所产生的一种艺术行为上

魅力。巴洛克时期是一个崇尚高度华丽的年代，就连脚下的鞋子也大多采用优质的材料并配以奢侈豪华的装饰。据说这个时期鞋子某一特点的影响一直延续到

的反叛。与巴洛克艺术风格最显著的差别就是，洛可可艺术更趋向一种精制、优雅、繁复，极具装饰性的特色。服装喜用烦琐重叠的曲线纹样令人眼花缭乱，使用金印、宝石、玻璃等反光的材质增强折射效果，用源于中国陶瓷中的"粉彩"色泽妆点女性的娇媚。另外，低胸的款式也是洛可可的强烈风格之一，在当时曾经被人们看做是最性感的服装。此时的男装样式受英国男服的影响而以体现威严和潇洒的绅士魅力为特点，过分花哨的巴洛克风格开始收敛，并逐步发展为现代西装的原型。如果说巴洛克艺术代表了创新改革、善用良材、朝气蓬勃的太阳王路易十四时代，则洛可可风格即代表挥霍无度、好战喜功、昏庸奢靡的路易十五时代（图123）。

带有类似于建筑外形特征的服装款式绵延不绝，裙撑就是一个例证。欧洲妇女自文艺复兴以后，一直喜欢用鲸骨或藤条(后来甚至用钢丝)做骨架，将裙子撑大撑圆如同鸟笼。较典型的有16世纪的西班牙式"法琴盖尔"裙撑，19世纪的"克里诺林"式裙撑等。由于裙撑越做越大，占用的空间也大，以致影响到了当时的建筑尺寸。人们不得不拓宽门框和楼梯的宽度，使这些为了美丽而艰难地支撑着鸟笼的贵妇能够通行无阻，黑格尔把这种颇具建筑特征的裙子形容为"如同一座人在其中能自由走动的房子"。

如今，在这座能使人自由走动的房子中，创造性、开拓性、前卫性、结构性地展现着建筑与服饰中的你中有我，我中有你。设计的许多灵感都来源于建筑的造型、结构、色彩、图案与廓型等这些在建筑中备受关注的元素，由建筑灵感演绎的现代服式被表现得妙趣横生，以建筑般宏伟大气的线条表现的服装廓型同样伟

图123

岸，以雕塑般细腻的刻画方式处理服装的细节别有情调，以结构主义的凸显作为定位的造型新颖怪异。

服装和建筑相比，尤其是与紫禁城建筑的壮阔与雄伟、古埃及建筑的肃穆与神秘、古罗马建筑的简洁与厚重、哥特式建筑的动势与装饰、巴洛克建筑的富丽与华美相比，服装总有一种过于单薄、轻佻、微不足道的意味；且建筑可以流芳百世，而服装却只为过眼烟云，但有一点使服装得以慰藉的是：伟大的建筑不能重建，但其闪光的精神、凝结的精华却可以装扮着服装而无数次轮回与重现。

第四节 ///// 民间艺术与服装的关系

如果说前一节在建筑中寻找服装的印迹给我们的

精神联想过于沉重的话，那么，民间艺术注定是个较为轻松的话题。

一、生机勃勃的民间艺术

艺术家的创作虽然大都离不开城里所提供的展示舞台，但他们从没有忽视到生活中、到民间的沃土中去寻找那稚拙、自由、淳朴、随和、世俗的民间艺术。在这里，人们可以敞开情怀，不执著于法则戒律，可以放开想象，不限于形式制约，可以任性攫取，不规范于风格束缚。对那些鲜活的原生态艺术生命，大可不必在意它们的表面如何。它们可能像土地庙泥神的造像是粗俗的，像马厩石槽上的纹样是模糊的，像窟洞岩画的遗影是鬼魅的，像"社火"中的描绘是狰狞的，像陶器中的内容是浑重的，像剪纸中的抽象是怪异的，像面塑中的情态是羞涩的，像皮影中的动作是刻板的，像年画中的色彩是张扬的……它们还可能是宏伟的、精致的、文雅的、高贵的、清逸的、完美的。无论怎样，它们都是用灵魂中绽放的光芒在迎接你、普照你。也正是在民间历经了千百年的锤炼、编织、拿捏、修剪、陶冶，才有了这些价值独特、千姿百态、沉积深厚的民间文化艺术的遗产。民间艺术是在本乡本土产生、成长、结果的民族之魂，它由人而创造，却也给人以最大的回报：它真情地记录着民众的生息繁衍，人间的世态炎凉、情感的喜怒哀乐。它们用自己特有的气息，宽广的胸怀，陶冶了无数艺术家的情操，用那粗野的生命力撩动他们的情怀，激发出创作者无尽的灵感。

二、服装设计中的民间艺术情致

1.花兜肚

在民间，"兜肚"花样多，传说多，引出的故事也很多。很久以前一个叫量小的孩子跟着娘过生活。一天，他娘在河滩捡了一只会说话的像小龙一样的大虫回家，这小龙保护着量小，见到毒虫就咬，量小娘高兴地给它起个名字叫无毒。量小大了，他娘死了，

临终留话让他照顾好无毒。一天，量小身边没了无毒却多了个大娃，还叫了自己一声"哥"，无毒竟变成了人，哥儿俩接着熬那穷日子。眼看着无毒越长越高，饭量越来越大，又赶上"闹饥荒"，无毒不忍连累小哥："我想去泰山采药挣些银两帮哥娶个媳妇成个家。"量小挽留不住，兄弟俩含泪告别并约好三年后泰山会面。三年一到，量小就去了泰山寻找无毒。他在山里转了几天都没有找到小弟的身影，正打算离开时迎面来了一个和尚向他施礼，定神一看正是无毒。这天晚上兄弟二人一起在破庙里过夜，"哥呀，我对不起你！这三年我采的药都发霉了，银子没挣到，但我要送你件宝贝，回家好好过日子。"量小早晨醒来发现弟弟不见了却留下一颗夜明珠。不巧，在他下山的路上一个差役抢走珠宝并索要另外一颗，量小无奈又回去找无毒。无毒不知哥哥是被人所逼还以为他是贪心所致，便气愤地说："给了你左眼，还想要我的右眼吗？" 量小恍然大悟，又惊又愧一下倒地就再也没有醒过来。庙里的老和尚不解其原也当是量小太贪心，便写下"量小非君子"几个字给无毒消气。无毒觉得老和尚对小哥的评价不公平，他咬破手指在纸上写道"无毒不丈夫"，并脱下袈裟以责备自己由于心胸不开阔而铸成的大错。无毒又变回到一条像小龙一样的虫子为孩子们驱毒避邪，老百姓也将它绣兜肚上，让孩子们铭记一种高贵的品格（图124）。

兜肚同时也适用于成年人，而且男人的兜肚多为情人送的信物，贴身穿戴，更有不忘心上人的寓意。其所绣之图案有喜鹊登枝、龙凤呈祥、神蛙护娃等

图124

等，都带有民众期盼的象征意义。

民间兜肚简洁的几何形状，几乎到了不可再简的地步；艳丽的色彩到了浓度与纯度的极限；精美的手工刺绣中跳跃着对爱人子女的真情实意；吊挂式的使用方式在前胸的半遮半掩让观者惊慌失措，而后背对美丽曲线的展露却让人们对自己所拥有的完美而无限坦然。它极富性感的外形与潜在的含义以及它的全部都成为启发设计师创作的源泉（图125）。

2.面花

面花是它的俗名，还多被叫做花馍、礼馍、花糕、捏面人等，真正的雅名叫面塑。它基本可以分成赏与吃两类。南宋《东京梦华录》中对捏面人也有记载："以油面糖蜜造如笑靥儿"，谓之为"果食"。可见那时的面人是能吃的。而民间对此还有一个传说，相传三国孔明征伐南蛮，在渡芦江时忽遇狂风大作，机智的孔明随即以面料制成人头与兽首模样来祭拜江神，说也奇怪，部队安然渡江并顺利平定南蛮，从此，凡从事此业者均供奉孔明为祖师爷。

面塑作品种类很多，从青年人订婚的"鸳鸯"，结婚的"喜饽饽"，小孩过百岁的"穗子"，老年人庆寿的"寿桃"，盖房庆梁的"梁龙""狮子"，正月十五的"圣虫"、七月七的"巧饼"、八月十五的"月糕"，到人物动物、花鸟鱼虫、吉祥纹样、戏曲故事等应有尽有，花样繁多，造型新颖。真可谓是能吃能赏的艺术品。著名的山东郎庄面塑在当地俗称"面老虎"。有关它的来历有很多传说。此地古名"狼庄"，战国时期，群雄割据，战火连绵，民不聊生。这里遍野荒芜，常有野狼出没，残害儿童。当地人为了驱狼消灾，便用面粉制作"面老虎"用来镇宅护家、以求平安（图126）。

面塑作品具有雕塑性，其形式有薄浮雕、高浮雕和透雕。将面发酵捏塑成形蒸制而成，造型浑圆饱满，形神俱全。作品的细部常用剪、切或用面条、面

图125

图126

片粘出，也可用竹签戳画，特殊纹路可用梳子之类工具轧出。面塑还具有绘画性，在用色上也独具特色，常大块面地涂以鲜艳的红、黄、绿、蓝等颜色以突出整体形象，间以多变的线条并用小花点缀，其色彩艳丽动人。面塑真可谓是整体与细节的布局，点、线、面、形的处理，色彩色相的搭配等设计要素样样讲究。那鲜活灵动、绚丽多彩的作品让人们不可小视这

些民间艺人的大手笔。同时除了面塑自身在形态、体积、色彩、手段上为服装设计创作提供了感性的认识外，那些创造这种艺术的质朴的群体，那淳朴人脸上灿烂的笑容，那能在最简单最穷困的生存方式中将吃、喝、玩、乐结合得如此明智、普及得如此深入的民间艺术，给服装设计的将是一种难得的理性思考（图127）。

3.錾刻

錾刻属金属工艺的一种，也是我国传统手工艺的一种。独特的錾刻工艺是利用金、银、铜等金属材料的延展性而进行创造的纯粹的手工艺技。从博物馆的商周青铜器、金银器上的一些錾刻文、镶嵌和金银错

图127

等文物标本上，在传统古老的饰物上，都能欣赏到它的精美。这种技术是从玉石器、骨角器等加工技术中演化而来，至今已有数千年的发展历史。

錾刻工艺品的造型主要分为平面和立体，也叫做片活和圆活。片活是平装在器物上或悬挂起来供人欣赏的装饰品，圆活则是对实用器皿而言。錾刻工艺的操作，是在设计好器物的形状和装饰图案后，按照一定的工艺流程，以特制的工具和特定的技法，在金属板上加工出设计者所要的、千姿百态的浮雕状图案。完成一件精美的錾刻作品需要很多道工艺程序，对创作者在艺术和技术上有很高要求（图128）。

在现代舞《较量》的服装设计中，创作者就借鉴了錾铜艺术中高浮雕的视觉效应和透雕结构组合的随应效果，用这种最为传统的工艺所启迪的灵感，以抽象艺术的造型手法，设计了战士们身上的胸甲、护膝和腕饰（图129）。

图128

图129

4.泥塑 "兔爷儿"

狐狸、猴子和兔子三位好友一起生活在原野上。天帝为考验它们的诚心便化身成一个乞丐向它们乞食。狐狸在河里找到了鱼，猴子在林中采到了果，只有兔子两手空空一无所获，老人说："看来你们并不是同心协力的。"兔子听了就让狐狸和猴子找来一堆柴火点燃，对老人说："我没有本事为你寻食，但我的心和它们是一样的，你就把我吃了充饥吧。"说完纵身跳进火堆。天帝很感动立即现出了原形，为了纪念兔子，便把他送进了月宫陪伴嫦娥。

一年，京城里忽然起了瘟疫，很多人得了病医治不好。嫦娥见此情景，心里十分难过，就派身边的玉兔去为百姓们治病。因为它的一身白色，百姓都不敢让它进屋，玉兔就变成了一个少女，她挨家挨户地走，治好了很多人。人们为了感谢玉兔，纷纷送东西给她，可玉兔什么也不要，只是向别人借衣服。每到一处就换一身装扮，卖油的、算命的、男的、女的都扮过。为了能赶时间给更多的人治病，玉兔还骑上马、鹿、狮子、老虎，走遍了京城内外。消除瘟疫之后，玉兔回月宫去了。于是，人们用泥塑造了玉兔的形象，有骑鹿乘凤的，有披挂着铠甲的，有手持灵芝草药的，也有身着各种服装服饰的，真是千姿百态十分可爱。每到农历八月十五那一天，家家都要供奉它，给它摆上好吃的瓜果菜蔬，用来酬谢它给人间带来的福音，还亲切地称它为"兔爷儿""兔奶奶"。老北京人对兔爷儿的喜爱还可从一些民俗文化现象里看到，如俗语和歇后语中"兔爷儿的旗子——单挑"，这是因为兔爷儿当时在匆忙中借的装束里只有一边的靠旗；还有"隔年的兔爷儿——老陈人儿"，因为兔爷儿是泥制的，能保存到第二年的自然就属于老兔爷儿了（图130）。

泥塑，在我国民间艺术中占有很广的流行区域，其风格、色彩、样式都不尽相同，那自由自在的表现

图130

图131

题材与方法，那憨态可掬的作品表情，那大胆抽象且毫无羁绊的处理手段、那创意鲜明且真诚直白的造型观念，都将是造型艺术空间里带有独特气息的芬芳（图131）。

5.剪纸

不知从何时开始，女孩子们以游手好闲、不动针线、不识缝剪为一种显示自我高贵、超凡脱俗的标志；也不知从何时起，"女红"这一陶冶性情、彰显女性魅力的风范被人们遗忘。殊不知在那个遥远的年代里的民间，一个有双巧手的姑娘会使自己的生活内容有怎样的不同，能得到社会怎样的尊重和爱戴。在陕北地区，剪纸、绣花几乎成了姑娘的门面活。家境好的男方衡量女子，"巧"是一条重要的标准。陕北的老辈人至今还对当时"莫问人瞎好，只要手儿巧"的说法耳熟能详；安塞民间的《迎亲歌》中唱得更为直接："生女子，要巧的，石榴牡丹冒铰的。"而评定谁家的女孩子是否聪明灵巧，就是要看她的"花"剪得好不好。而有巧女的那些人家也会因自家女嫁到了好人家而无比体面。那时的观念与今天截然不同，一个女子如果不会剪花织绣会觉得矮人三分，所以从女孩儿的童年开始，母亲便将从母亲的母亲那学来的手艺毫无保留地传给女儿，等女儿做了母亲也再这样传下去。

剪纸作为一种传统的艺术形态，在民间有着悠久的历史，素有"民间艺术之母"之称的中国剪纸起源的说法很多，也有许多不同的美丽传说故事。而始于西汉之说被普遍认可，传说汉武帝的宠妃李氏去世后，刘彻思念不已，请术士用当时由麻纤维造的麻纸剪了李妃的影像以寄托思念，这大概就是最早的剪纸。此说虽然牵强，因当时汉代的绘画水准已相当高超，并在壁画、帛画、漆画、雕刻中都有很好的表现，汉武帝完全可以选用其他的更好方式以表怀念。但纸的发明是在西汉时代，所以，在有了纸这一基本材料以后，对剪纸艺术的发展演变起了重大的推动和普及作用，并扩展到大江南北的每个角落。由于地域文化和民情习俗的差异，使各地的剪纸风格也都带有自己的特色：粗犷的、秀丽的、简洁的、繁复的、抽象的、具体的、大幅面的、小巧

的……从色彩上分，有单色和套色之分。制作手法有雕、镂、剔、刻、剪、撕等。剪纸是中国百姓为满足自身的精神需要和生活需要为自己创造并流传的土生土长的民间艺术形式。它体现了人类最基本的审美观念、精神品质和生活情趣。它兼功能性与欣赏性于一体，内容丰富，形式多样，有岁时节日住房装饰、婚丧嫁娶人生礼仪、宗教信仰祭祖敬神、服饰佩戴织绣纹样等等的民俗信息。

娃骑青牛：牛能驱瘟除病的传说来自于老子骑青牛、踏紫气东方而来，到河南函谷关一带散丹降瘟，并著就《道德经》的传说。"正月二十三，老子来散丹，门上贴青牛，专治小鬼头。"这个民谣今天仍有传颂，其习俗就是剪出一幅骑在牛背上的人形。古人认为牛的力量很大并具有抵御疾病的威力，而青牛等同于黄牛，则合为"牛黄"。牛黄被人视为无毒不克的良药，如此看来，老子降瘟的仙丹里必有牛黄了（图132）。

猪脚花：中华民众是审美趣味很高的民族，即使是包装物也不放过融入美的创作与追求。如在逢岁时祭奉祖先的牺牲祭物上，会给猪头牛首盖上"二龙戏珠""有凤来仪"的剪纸图案；办席做寿时会将剪有鱼形、寿桃类的喜庆剪纸罩在物品上以增强和睦的气氛。以猪蹄为素材创作的猪脚花，覆盖在烤好的火腿之上，那胖胖的蹄形、体内两只游动的龙虾、可爱的三枝花儿般的小猪爪，谁能不为之而快乐地心动呢？而虾为水族，模样似龙且多籽，便也应了"龙子"的称呼与多子的含义。下面的"万"字和双钱，可喻为：万事如意，儿女双全。如此分析，这包猪蹄定是给哪位千金、贵子或者是龙凤宝贝的得主的贺礼（图133）。

扫晴娘：这是一幅表现农家苦于阴雨连绵，不利农事，以一位妇女持扫帚扫雨散云并带有巫术活动内容的剪纸。今天看来，用一张薄纸剪成人形比画一阵

即能改变天象实为荒诞的神话，但这位大姐面部那份自信与执著，那种为民解难排忧的朴素情感和健壮身体中饱藏的大无畏精神确是很值得赞颂的（图134）。

图132　　　图133　　　图134

剪纸中的内容太多、理念太重，看似很俗，实为大雅。那里有纷纭的年代和悠久的传说，有张扬雄健的精神和民众心中的英雄，有幽默传奇的故事和智慧风趣的民风，有惩恶扬善的典据和祈福信仰的心声。而那么广博的题材和内容栖居于小小的一纸之间，如何能不为我们感慨和感动。而剪纸艺术之所以成为被世人所仰视的民俗文化珍品，就是因为它承载着芸芸众生的生存理想、生活律动和生命精神，蕴涵着人们对自然环境、人伦百态、生命轨迹的朴素观念和浓浓情意，是普及到人们的血液里和心灵中的艺术，这便是它的精魂！

以民间剪纸艺术的精魂作为切入点，将现代艺术设计的理念融入其中，抛弃其题材类型、故事图案的迷惑，以那鲜明动人的视觉效果为旨趣，以其洗练利落的造型、不拘一格的无畏气概为支撑，探索民族本元文化与现代服装设计创意之间的关系，开拓独具时代感的设计风格，当是艺术家的职责（图135）。

图135

我国民间艺术那硕大丰韵的体量内蕴藏的内涵太深厚、太广博、太生动、太精美。陶瓷、玉雕、刺绣、皮影、面具、编制、家具、唐卡、布雕、农民画，乃至民间音乐、民间绘画、民间文学，它们那炫目于世界的美色，那充溢的大自在的精神，那令人变得纯净与质朴的厚道，那在大地的沃土里积聚、成长、散发出来的浓浓美味，是值得任何一位艺术家去梦幻与迷恋的。

[复习参考题]

◎ 绘画对服装设计的启迪与绘画向服装上移植的本质区别是什么？

◎ 雕塑艺术与服装设计的本质差异在哪里？

◎ 如何理解建筑艺术与服装设计在造型语言上的通用性？

◎ 你对民间艺术在人物造型中的渗透有何感悟？

附：技术与应用的若干问题

— 本章重点 》
— 强调了与专业技术部门的协调、协作、认
识、再创作与奇巧的使用；参与并熟悉
互补的关系；对服装材料的认知、认
制作，在三度创作中完善设计。

— 学习目标 》
— 了解熟悉服装制作的技术程序以及工艺
手段，以多种方式寻找创作灵感，直接
判定设计方案在技术呈现中的可行性，
使作品得以精美地呈现。

— 建议学时 》
— 12课时。

附：技术与应用的若干问题

献给永远默默无闻、勤勤恳恳、埋头工作在幕后的技术人员、管理人员，献给设计师的那些好朋友们。

如果说服装设计师偶尔有机会能登台谢幕，他们的名字还能排列在主创人员的档栏中，在这个大名大利的空间里，最辛苦、最无名利的当属大幕后面的舞台监督、灯光师、装置师、道具师、化妆师、音响师以及服装师。这里虽然每天会看到新星升起明星闪烁，但这些光芒虽然与他们的付出密不可分却也总是和他们擦肩而过。以一种泰然的心境，长期保持平静的欣赏者的心态，在高声大气的环境里，永远保持着低调，这真的是一种境界。正是这些实干家的再度创作将纸上谈兵彻底转变为实战；他们用另一种天赋，丰富或启迪着设计师的原创；他们用科学与智慧同演员、导演、设计师共创了美妙的舞台、美好的演出艺术空间。

第一节 ///// 前期准备

如果把服装设计师所从事的由艺术构思到完成设计效果图这一过程叫做一度创作的话，那么制作师在体现过程中的活动则称为再创作。因为一件人物造型作品的全部完成，除了要设计出平面的图样外，最终是要制作成实物经由演员穿戴而展示在舞台上或荧屏前的。这便出现了部门之间的合作关系问题，这种关系处理得合适与否，也直接关系到作品的成败。

一、设计与制作的关系

设计师将自己的设计灵感物化的第一步是产生设计图，而设计图的表现形式是一种绘画，它是以点、线、面和色彩为基本要素在平面上创造形象。设计图是设计师构思的形象化和具体化，依照定稿后的设计图还要绘制结构图，这两张图通常就是引导着制作部门去购料与施工的工程图，但画出图纸还仅仅是整个作品呈现过程的一个环节，尽管经历了一个由构思、收集素材、创意到定稿的艰辛过程，但这还是处于纸上谈兵的阶段。即使你的绘画技巧再高，人物的形象再鲜活生动，但它并不是一件可以特立独行的绘画作品。效果图的作用是作为依据来创作展现在舞台和银幕中的人物而不是一张有人物的绘画，而将设计图逐步变成服装实物的过程就是制作。在专业演出艺术团体中一般会设有专门的制作部门，叫做服装部（组）、化妆部（组）等，这里的有些人员还会参与演出或拍摄。服装部的工作之一就是制作演出服，也是设计图的物化过程、设计内容的丰满过程、设计思想的修正与完善过程。

二、设计师与制作师的合作

设计师与制作师是密切协作的关系，是能够相互尊重、共同探讨、互为理解、愉快合作的朋友，他们同是人物造型的创作者。

在人物造型的生产过程中，制作师一面在体现着图纸上的设计，另一方面，有丰富经验的制作师甚至可以提出好的建议或不错的办法来充实设计内容。设计时要试着做到在设计图中给制作留有创作空间，不要在图中将工作做满，尤其是制作技术方面的问题要与制作师在实施之前做研究与探讨，因为在这些方面，制作师当属权威。

设计师与制作师长期的友好合作能培养和产生

默契的工作关系，这将直接有利于工作的实施，能长期与有经验的制作师友好合作。对于设计师而言，在其设计过程中不必担心自己的新作能否得以体现，凭借对服装师的了解与信任，她将对自己的创作充满信心。而设计师那充满奇思妙想的创意又常常能激发服装师的创作欲望与兴致，将大家很快就带入一个洋溢着新鲜与奇妙的创作氛围中，并一起品尝和享受探求、挫折、试验、成功这个创造过程的艰辛和愉悦。

三、制作前期工作

在进入制作之前有几项工作要与制作师共同完成：

1.绘制服装结构图。如果说服装效果图是以描绘人物的外形特征、表述服装的基本结构与样式、说明服装的色彩与材料质地为主要功能的话，以白描线条为主的服装结构图的作用就是更准确地描绘画出服装

的结构与样式、各部位之间的关系、特殊部位的特别要求以及材料之间的关系与应用，这也是向制作师进行说明和一起布置方略的阶段。

2.为演员测量服装尺寸。根据效果图的服装款式，为每一名演员认真地测量服装所需要的身体各部位的实际尺寸，也是一项不容忽视的工作，并且这个工作做得越周密，对于后期的服装制作越有利。尤其是对于主要演员、穿晚礼服的演员、舞蹈、杂技等表现形体的演员，对某些部位的尺寸测量尤其看重。

3.制订预算。这也是要由制作师协助设计师共同完成的工作之一。一套完整的人物造型的预算项目包括面料费、辅料费、装饰材料费、印染费、制作费、特艺加工费、购置鞋帽费、交通费等，有时还会有加急费，当预算做好交有关部门审查批复后，便可以开展下一步工作。

第二节 ///// 服装材料

一、了解服装材料市场

服装材料是构成服装的基本元素之一，也是服装设计的重要表现语言。它不仅是服装造型的物质基础，而且也是造型艺术的表现形式。服装材料是服装造型的物质载体，是体现设计师思想的物质基础和服装加工的客观对象。以独特的思维对待服装材质的选择和使用，决定了设计作品的创新性，材质美感的利用也展现着人与物交织所产生的灵动、活力及和谐，将原本无生命的物质材料演变得生机勃勃。现代的服装设计已把材料推向一个极为重要的位置，在充分掌握了各种材质的不同性能、风格、视觉肌理、触觉肌理的基础上，结合设计风格定位，运用造型、色彩以及不同材质的搭配等手段，进行艺术加科学的设计，

这种设计创意往往在另一层面上丰富了设计语言，因此对服装材料市场的了解与熟悉会直接关系到服装设计的风格、服装制作的实现，并在很大程度上打通或制约着服装造型和服装风格的突破与创新。

无论是否针对某一项具体的工作，服装设计师的身影要经常出现在服装市场、服装面料市场、装饰材料市场、服装辅料市场、家庭装饰市场、商品杂货等市场中，还要成为玩具材料、塑料产品、缝纫机器、服装工具、绳带材料等与服装有关或无关物品的关注者。在演艺服装这个充满了无限创新意识的造型艺术品中，也许某一个亮点正是启蒙于一次无意闲逛时的小发现；说不准何时会将哪位从无联系的"不速之客"请进家门；指不定哪一天，那塑料瓶、金属扣、箩底纱，会摇身变成哪一组群体造型的主旋律，而在舞台上熠熠闪烁的那件精品，却是由常理认为登不上大雅之堂的小玩意儿制作的（图136）。这种对市场

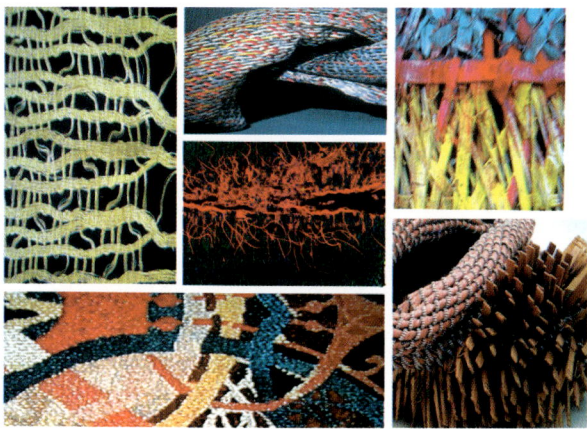

图136

材料的了解，既是造型物质的记忆储备，有时甚至又是造型创造的能源及灵感的发祥地和触发点。如果能将考察服装材料市场变得像"转悠"与"逛荡"那样常规、轻松和愉快，并在此时别忘记耐心真诚地去向小老板们索求一点色标或小样，再用手中的笔记点什么、背包里的小相机拍点什么，回到家再认真整理一番，记好时间、地点及出处，那么，在设计工作进行时我们就真的能体会出轻松和愉快了。

二、掌握服装材料性能

服装材料选择对于服装造型设计关系重要。从某种意义上来说，服装设计常常表现为一种风格的设计。而服装风格很大程度上要依靠相应的服装材料来体现，不同的服装材料有着不同的特性、情绪、质感、品行与风格，因此服装材料的特性和风格对服装风格的形成起到了至关重要的作用。

掌握服装材料性能的方法首先是通过实践积累经验，习惯于对每一次新材料的使用所呈现在舞台、银屏上的效果有所记录，这样才很快掌握新材料在不同的环境、不同的光源使用的特点，用于不同性格人物时的表情倾向。尤其要重视的是失败的教训，有时因失败而换来的启迪与知识，会比轻取成功的效用更适

用。长期工作实践与应用的不断积累是得心应手地使用材料的必修之课。再就是认真学习有关各种面料的质地、色泽、光感、肌理、悬垂度、重量以及使用范围等问题的相关知识，这一问题在本书设计篇第二章服装设计审美元素"材质"一节中已作粗略介绍。以下将介绍演出服装常用的材料类别：

1. 纤维类。在这类材料中主要包括纺织制品和集合制品。纺织制品又分为各种棉、毛、丝、麻、混纺、化纤类的梭织物、编织物、网扣、组绳、织绳、捻绳、缝线、编织线或其他线等。集合制品有无纺布、毛毡类、填充材料、纸类等。

2. 皮膜、皮革类。其主要材料有动物皮膜、塑料薄膜、玻璃纸、彩光纸、镭射纸、各种真仿鞣草、各种兽皮类、毛皮类、鱼皮、爬虫皮类等。

3. 其他类。能用于服饰创作的物品可以说是包罗万象，有各种塑料材料及物品、层压品、木材、石材、骨材、橡胶、金属、玻璃、可塑材料、天然动植物体等，认真研究非服饰用料的性能与表体特性进行巧妙的选择与使用，常会有意想不到的收获。

随着纺织科学技术的快速发展，我国在服装材料及相关辅料、相关装饰材料方面进步飞速，新产品层出不穷，关注服装材料市场新产品的动向并与其同步，无疑会使设计师的作品在创意上、造型上、材质上都具有新鲜感和时尚性。

三、购买服装材料

1. 购买服装材料是一项需要由设计师和制作师共同参与的工作。依照设计效果图、色标、小样的提示采购面料仍然是一项重要工作。设计师在图纸创作阶段对于服装所使用的材料应该已经做到心中有数，但市场上有无同样或类似的东西却难以有完全的把握，即使是有经验的人常常会在设计之前对材料市场作一次大"搜捕"，但仍然不能将"猎物"统统抓获。设计师参加采料的过程其实也是对设计思想进一步修订

的过程，如有时会出现与效果图设计的面料有差别的几种同时出现，设计师不在场便较难确定；有时会遇到比原定材料更好的面料，设计师不在也难选择；有时一些绝美的材料可以将服装的品位提升很高，但如若使用它所产生的改变可能会连锁影响到一个系列或全局，设计师如果不在现场将更难决断。通常人们都不会轻易放弃参与这个既有意义又有趣味的工作环节。

2．采购面料时要保证足够的用量。要把样衣所要使用的材料计划在内，以免材料不足而在追加购买时因为颜色差别而产生的同一款服装的色泽差别，一般在群舞、合唱服、统一整齐的集体服装的购料时会出现此类问题。制作师对此事都很有经验，他往往是设计师的益友。

3．在时间和财政可能的情况下，主要演员或同款大批量的服装可以先购买一到两个方案的样品材料制作样衣，待确定后再大批购买。

四、面料的再处理

服装面料的再处理之后能产生材料视觉的新鲜感、材料性情的独立感，这种独一无二的东西本身就有了鲜明的个性，有的可能已经具有艺术品的特征。这一活动从表层看好像是客观物质材料达不到需要所为，从深层意义讲，它可能是设计师前期设计冲动的延续，后期创作热情的开端。也许，从起点到结束它们本来也就应该是连贯的。

服装面料的形态重塑和表现，需要建立在设计师对各种面料的物理和化学性能的充分理解上。设计师为实现特定的设计效果，采用特定的设计手段和加工工艺对服装材料进行改造，改变和改进服装材料的原有特性和风格的目的，是为改变其原有的形态，以产生新的肌理和视觉效果，是为进行服装在造型设计或其他方面的改变与突破。服装面料的再处理主要有如下内容：

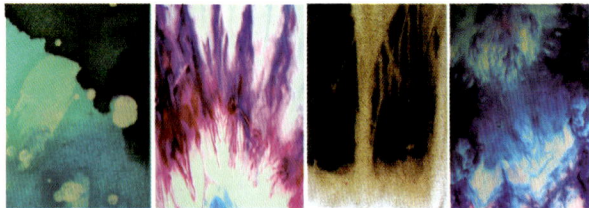

图137

染色：在购买材料达不到设计要求时要进行面料染色。染色有多种手段和方法，常用的有平染、过渡染、局部染、扎染、蜡染、渲染、褪染等。染色的工作多是在专门的印染工厂或作坊完成，少量或特别试验性的材料也可由设计师、制作师自己完成（图137）。

肌理制作：服装材料的肌理美有三个主要特点：形式美、质地美、联想美。每种材料都具有自然肌理、创新肌理与组合肌理的利用与可塑空间。作为服装审美的重要元素之一，各种材料表面的天然或人为形成的视觉肌理与触觉肌理对人的审美取向和服装设计有重要作用。在设计中，只有使不同与他人的肌理形式于服装设计风格，并将人们的审美情感与审美的时代特征相统一，才能有效和创新地表现和发挥服装材料的肌理美。

通用的面料质感和肌理会显得较为普通。有些特殊的要求则需要再处理，如粗糙的麻面可以用打磨、拉毛、喷砂、喷涂等方法获得所要效果；积皱或凹凸的肌理可以用高温压褶、无规则挤推的方法实现；一种材质的重叠与交错产生厚重的雕塑感和强烈的触觉肌理感；将几种材料重叠镶嵌会令面料怪异并产生质感不同肌理的对比；镂空、抽丝等都是改变材料原有肌理效果的办法之一（图138）。

手绘：手绘的服装面料最明显的特点就是能够极度张扬创作者所要表现的作品个性与形式语言的特点，所以如果作者有较好的绘画功力，这类作品的胜算应该是有基础的。需要强调的是，不能将服装上的

图138

图139

图140

图141

手绘仅仅当成一种绘画移植，这种过于初级的做法不应该是一位成熟的设计师所为，它必须要以服装自身的规则讲自己的独特语言（图139）。

绣花：以原有的面料做基底，根据设计需要在其合适部位做手工刺绣、电脑绣、机器绣，能大幅度改变面料的本来面貌，使其具有高级、华丽、优雅、有浮雕感等特色。我国传统戏曲中的服装大多使用这种方法，其纹样、色彩对应不同行当与角色，并且有一套完整的系统和规则，成为戏曲艺术中非常宝贵的财富。刺绣工艺在其他艺术形式的服饰中沿用，应该是直接受染于戏曲服饰的。绣花的部位、图案、色彩和面积都依照具体的需要设定（图140）。

混搭拼缝：将最柔软的面料肌理和最硬挺的面料肌理相搭配，反而可以突出各种面料本身的材质特色。将几种服装材料以有序或无序的手段，用合适的面积进行重新缝合，也是化整为零再将零合整的操作过程。这是一种面料再造的常用和简单办法，但其视觉效果却非同一般，舞台效果也比较显赫。其来源可直接追溯到我国民间的百衲衣（也叫百家衣）。相传，在民间为了给新生儿讨个吉利，家人会到多家的乡亲邻里那寻来多种布头拼成衣给小孩穿，取驱灾避邪之意。这种形式扩展到后来有了为所我们熟识的明朝的"水田衣"，这种服装当时无论在宫廷还是民间都很为时尚。如今这种形式除了在舞台上被誉为特色服装外，在生活中也还是时尚人士的特别宠爱（图141）。

第三节 ///// 服装制作

通常，制作工作开展后设计师要进行监制，重要环节最好直接参与。

一、设计师为什么要监制

设计师的作品投入制作后，由制作部门进行采料、染色、裁剪、缝制、工艺处理、装饰处理等一系列工作程序。制作是一件专业技术要求很高、与艺术紧密相关，并且从业者最好有相应的审美水准会更好。它同时还是一件很繁复和艰辛的工作，由于演出性质决定了这是要经常超时加班的工作。就服装制作的特点而言，自工作展开的那一刻开始即意味着再创作的来临，因为任何一套完成的服装都少有绝对地按图纸的设计体现的。实际上这种由平面的图纸变成立体实物的本质，就是一种实实在在的改变。设计师与服装制作师之间由于专业分工的性质不同，各自的思维方式、关注问题的角度、欣赏事物的态度会不尽相同，其各自的艺术见解与理解固然有所不同，对待具体问题时如有设计师在场则会自然地得到沟通。在制作过程中对于一些环节和细节发生变动也属于正常现象，设计师要想自己的作品在制作过程中最大可能地保持特有的风格与品貌，至少要参与重要环节的监制工作（图142）。

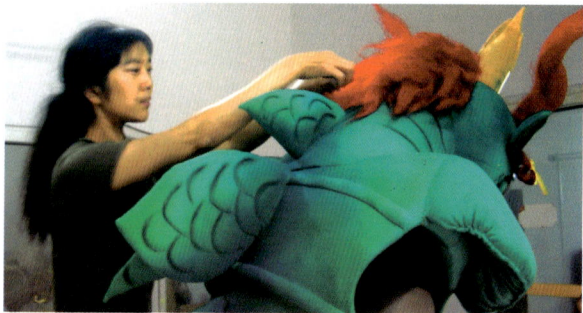

图142

二、服装制作流程

一套演出服的常规制作流程有如下内容：

1.服装打样。演出服装的打样与生活服装打版的不同之处是由各自的性能与功能所决定的。演出服有多件或成批生产的，但更多是根据角色量体裁衣，尤其是主要演员、歌唱演员等，多是以个体形式出现，服装样式变化无定式，试验性与创新性较强。所以他们的每一件样品实际就是成品；而生活服装的打版多为批量生产，其要求会极其常规和具体。

服装设计效果图向平面结构图转化，下一步变成为生产所用的纸样。有了纸样才能裁片和做成样衣然后批量生产。打样师（也叫打版师）首先要有丰富的经验、娴熟的技能，其次就是对服装的审美品位。设计师设计的效果图只是平面图形，要经过打版师的手把它变成立体的衣服，很多细节从设计师的角度是发现不了的，这就要靠打版师来发现并改正。再是打样的过程中必须要考虑成本预算，就是怎么用合适的材料做出最好的效果，而设计师也不都会这样思考问题。还有一点很重要，就是打版师设计出来的板型一定要顾及到生产实施的可行性。

2.裁剪。服装裁剪技术是服装制作中最为重要的环节，在服装制造业里，裁剪技术是根据纸样上的形状，用裁剪机械沿纸样形状把整床布料剪下来，成为制衣要求的裁片；在单件演出服的裁剪中则是服装面料对纸样的直接复制；有经验的服装师对于非特殊服装的裁剪有时甚至直接在使用面料上进行。

服装的裁剪种类有平面裁剪、立体裁剪、比例裁剪、圆形裁剪等，常用的是平面裁剪与立体裁剪。平面裁剪是通过测量人体而获取尺寸，然后使用原形、比例等方法的操作来完成纸样设计；立体裁剪是在人台上或人体模型上直接进行造型分析，确定服装衣片的结构形状，完成服装款式的纸样设计。

在演出服装的裁剪工作中使用哪种裁剪方法，一是取决于服装制作师的个人习惯，再是取决于服装的款式，因为这两种方法的适用范围各有特点，并各有其优势，具体操作是要视情形而定。下面将对这两种裁剪方法的特点进行比较。

平面裁剪的特点

(1)平面裁剪是经过人们在长期的实践经验中被认可和有效使用的方法，因此，它具有很强的理论性、实用性以及普及性。

(2)平面裁剪在各部位所使用的尺寸较为统一与固定，比例分配相对合理，具有很容易接受的专业稳定性和广泛的可操作性。

(3)由于平面裁剪在技术上的稳定性和可操作性，又极容易被推广，所以对于某些服装会相对提高生产效率。

立体裁剪的优势

(1)立体裁剪是以人台或模特儿为操作支撑的对象，是一种很具象的操作，所以具有较高的适体性和科学性。

(2)立体裁剪的整个过程实际是在效果图之后的再次设计、重新结构以及裁剪的集合体，操作的过程实质就是一个用面料在人型上进行的软雕塑，它既是一个创作过程又是一次美感体验的过程。

(3)立体裁剪是直接对布料进行的一种操作方式，所以，对面料的性能有更强的感受，在造型表达上更加多样化。许多富有创造性的造型都是运用了立体裁剪来完成的，因此立体裁剪有助于设计的完善与升华。

演出服装裁剪是按设计师追求的款式和特点及设计图所提供的基本结构去实施工作的。舞台服装不同于生活服装，即使是生活服装如今也是千姿百态，它也不同于大工厂流水作业式的生产。舞台服装常常是新创的，有时其结构或款式甚至是前所未见的，它打破了一般服装的裁剪规律和缝制，这种技术和工艺的新方式，既体现着这个专业的独特性，又意味着作品自身的创新手段。这些，设计师都应该在裁剪之前与裁剪师解释清楚、达成共识，并在这一过程中进行监制。

3.缝制。服装工程由效果图的款式设计到打样的结构设计一路走来，进入工艺设计阶段。其中的工艺设计就是指服装缝纫技术。在成衣中，缝制的重要性往往是不应被忽视的。服装缝纫是将裁好的服装各部位的衣片组合缝制成为完整服装的工艺。常涉及的有手针工艺、机缝工艺、熨烫工艺等。缝纫技术是一个完整、复杂的工艺过程，它包括纸样的修正，面料配制，辅料选择，工艺程序设计，各缝纫工序的顺序、衔接、组合等详尽要求，整形、熨烫等，这些都是服装缝制技术中所要涉猎的重要环节。

现代服装缝纫技术，在传统缝制技术上有了大量改进，新材料、新设备的应用，使得服装的造型更为科学与便捷。许多精致完美、格调高雅的服装都是形式美和技术美的完美统一。这其中的技术美就是指精湛细致的缝纫工艺技术。在演出服的制作中，一方面要将最新的科学手段尽快运用进来，另一方面鉴于服装自身的特殊性要用到许多手工工艺技术，如能有一批训练有素、技术全面的缝纫技术人员，对于服装设计师而言将为其作品的顺利实施建立起最好的保证。

4.试样衣。有条件或有特别要求与特别设计的服装，在缝制期间会进行一次到多次的试穿。缝制好的服装更要试穿，发现问题马上修正。对于舞蹈服装的试穿，要让服装最大可能地去适应演员的舞蹈动作。其他人的服装也要以对演出行为的适应为出发点来试验。只有在样衣合适以后，才可以进入批量制作和特殊效果以及装饰附加的阶段。

三、特艺、特效处理

服装的特种工艺、特种效果的处理对于服装设计和服装本身的作用都是举足轻重的。特种工艺主要有花边镶嵌、刺绣图形、钻石亮片镶缀、珠宝镶嵌、图案置敷、局部手绘、浮雕造型、立体造型（花、鸟、鱼、虫、抽象造型等）制作组合添加、附加配件制作与组合、绳编工艺等；特种效果有做旧、血污迹、烧灼迹、发光、荧光、僵挺、镂空、卡通、垂丝、透明、雨雪等。一条花边有时能展示时代的某一特征，一个图案有时暗示着设计风格的某种追求。那张目眦口的饕餮纹给人一种狞厉之美，象征着天命的威严并烘托出神权不可进犯；龙凤纹样的出现会使人联想到高贵与吉祥、男婚女嫁；而一片血迹则能揭示一种特别的经历。黑夜里的荧光会让人不寒而栗，雨雪的服装特征能对严酷的环境产生联想，残破的装束至少会让人意识到他处于不佳之境地……恰如其分的特艺、特效处理会使服装熠熠生辉，在不经意间成为作品的点睛之笔（图143）。

一套服装，根据不同的风格、特种工艺处理的工程有大有小又多又少。如在人偶"年"和"宝贝果"等角色的制作中，已经完全超出了服装制作的概念而涉及的几乎全部是立体塑性、软雕塑的造型语言（图144）。

图143

图144

第四节 ///// 技术合成、彩排

一、舞台技术合成

舞台技术合成是演出之前的酣战、苦战、大战。技术合成的目的是让布景、灯光、音响、特效、服装、化妆、道具等切换合理、互为结合、相互协调，并将这一切做到能适应正式演出的水准。

1.服装与布景的合成是对演出总体风格的大检验。环境与人物在手法、样式、色彩、空间面积、层次布置等多方面的设计和体现是否合适并达到设计效果，都将在合成过程里得以体现、修改和调整。此外，主要人物与环境，群体人物与环境，人物之间的关系与效果都是合成的内容（图145）。

2.服装与灯光的合成至少会解决几个问题：使人物形象更加立体，使角色与环境更为协调，使服装的色彩更加丰富，修正和掩饰服装中的弊端，共同创造特殊的舞台空间。有效地利用与灯光师的合成，会制造出许多出乎设计的美妙效果（图146）。

3.服装与特殊效果的合成一般主要有风雨、云雾、火光、影像等。特效的使用往往会因为视觉错差的因素对服装原有的质感和造型有所改变，这种改变也恰恰为许多人所求之不得。利用好、配合好特殊效果，除了能为服装增色，更能为全剧添彩（图147）。

4.服装与化妆的密不可分对于人物造型来讲可谓缺一不可。在合成的过程中会利用相互之间的关系调整造型的形态、色彩和节奏，以及人物形象的亮点。化妆师还要依据人物性格和主体颜色确定面不化妆的主体色调，服装师也常常会与化妆师共同商榷，将人物处理得更加完美，更具典型性（图148）。

5.歌唱演员与舞蹈演员的合成同样很重要。在服装设计上，可以选择两组演员相互协调的同类色调，也可以选择相互对比的服装色彩以丰富视觉感受，但色彩比例不宜均衡，同时要兼顾舞台的整体环境布局和颜色（图149）。

完美的技术合成能让各个部门从中受益，所建立起来的进一步友好沟通能让导演、演员、各部门的设计师和技师达成很好的交流，同时也使得技术与艺术部门之间的合作更为默契与顺畅。服装部门参加合成的人员有设计师、制作师和日后参与演出工作的服装

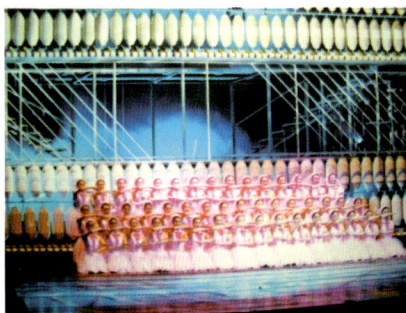

图145

图146

图147

图148

图149

管理人员。参与的目的对设计师在于自我审视和接受别人对服装造型的审视、对制作师来说在于了解和进行必要的修正、对服装管理是为能熟悉了解演员服装的应用及管理。

二、试服装、试镜头

对于设计师和服装工作团队而言，这将是一个令人不安并伴有期待和激动的时刻。那种不安是因为经历了一个阶段全身心的投入与劳作，你的付出即将得以评价；那份期待与激动更是许多设计师在此时此刻的共同感受，无论你是流露在外或是潜藏于心。你的幻想、梦想、设想即将由你喜欢的演员穿上，在与美术师、灯光师、化妆师的紧密协作中展现在舞台上、视屏前的场景与故事当中，接受导演及包括自己在内的一群人的检查、挑剔、批评、欣赏、否定或肯定，无论作品成败，你都不会无动于衷。

服装的合成方法主要由按照场次顺序的合成、按照场景的合成、按照人物关系的合成。无论用哪一种方法合成服装，都一定要记住在首次面世时，要有面部化妆、发型、配饰、鞋、帽、灯光的全面配合，这同时也是一种相互的需要。

按照场次顺序合成是舞台戏剧的一种合成方法。它是根据演出的场次、剧情的自然排列，以剧中人物的出场先后顺序所进行的有序合成方法。服装管理要牢记这些，对全剧的服装运用变换要心中有数，对于间歇时间较短的抢换服装要合理安排协助人员。服装设计则是依照戏剧作品的演示与导演共同审定服装分配、置换的合理性及可行性。

按照场景的合成是指对在同一环境里所出现的人物服装进行评定。其标准有合理性、典型性、协调性。如发现不当则应立即改正与调整，如一个人物的服装在一个室内环境的场景中非常合适，而在另一场外景中却不很合适，这种情形调整的办法有二，一是在符合剧情的情况下进行适当的调换；二是如在剧情不允许时，请灯光在色调及亮度上给予调整与帮助。

按照人物关系的合成是将在一场戏、一个舞台画面、一个镜头里出现的一个、几个、一组人物的服装适当安排，并进行人物与环境、人物与人物之间的比较与定位。这一工作对于突出主要人物性格、舞台与镜头画面所需要的色彩效果、作品风格的强化与追求都能起到一定的作用。这种合成与试装可能会出现不同程度的修改与调整，但也距离主创者所追求的艺术性与理想化的目标更近了。

三、定装

在合成与试装中经过修改与调整的服装被认可后则意味着合成工作的结束，这时的服装便是被确定应用的服装，也叫定装。完成定装以后的服装轻易不要随意改动或更换，尤其是在影视中，往往会出现牵一发而动全局的后果。服装管理人员要制定准确的演出服装应用表。按照演员出场顺序、作品演出或拍摄顺序而制定的服装应用表将会使你的工作有条不紊地开展（图150）。

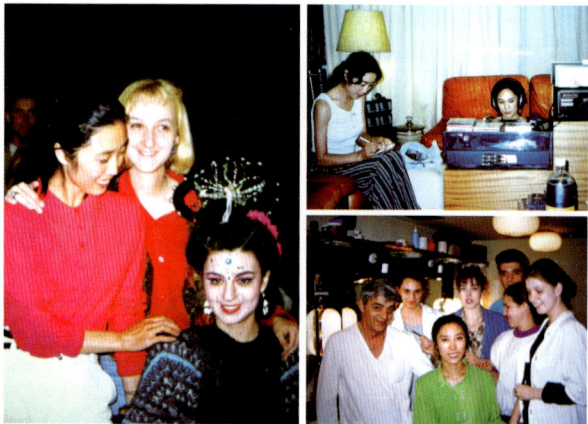

图150

第五节 ///// 演出、拍摄

舞台演出阶段的开始便意味着设计师、服装制作师工作的结束，工作将全部移交至服装师或管理员。

一、服装师的职责

舞台服装师、影视服装师在演出与拍摄中的任务是依照剧本的要求有秩序、条理、规律地帮助演员装扮成剧中人。并在演出的前、中、后做好服装的准备与管理。具体要做的工作如下：

1.熟悉剧院、熟悉后台的工作条件和环境。如服装间的环境、房间面积的大小、衣架情况、电源情况、服装熨烫的设备、侧幕换服装的位置等与演出有关的事宜。这将有助于工作的正常进行。

2.带好工具及相关用品。

3.熟悉合作伙伴。与合作者在职能上进行合适的分工与友好的合作，也是保证工作顺利开展的必要条件。愉快的合作氛围还有利于技能沟通与知识的相互交流与学习。

4.熟悉自己的工作量。能合理有效地安排和布置工作，能将所有工作做到心中有数、有条不紊。让所有的演员的服装穿着舒适、更换方便、不影响演出。

5.熟悉你的演员。了解演员在剧中的服装使用情况和某些特别的穿衣习惯、表演习惯和动作习惯，只要是有利于演出的要求都可有所准备。有些合作虽然表面看问题很小，却体现了人与人之间的理解与关爱，是一种协作精神的外延，能制造出非常和谐愉悦的演出氛围。

二、影视服装师的特点

对于影视服装师而言，除了上面带有共性的问题之外，还有许多特性。影视服装师在管理上尤其强调条理化、规范化、系统化的管理方法。其条理化就是指将大型影视作品中的服装、鞋帽、配饰，按照人物、场景、顺序进行编号的配套保管与使用；并对管理人员有明确的分工，如以服装的类别（男装、女装、童装、官服、民服、舞蹈服、战服等）进行规范的划分管理；以人物在剧中的职能（主要男女演员、重要男女演员、群众演员、替身演员等）进行划分管理。这种系统的管理方法，在应对多集大型战争片或大型史实片时会显得非常有效。

影视服装师是一项阶段时间内极为烦琐与辛苦的工作，除了要对服装进行管理还要跟随拍摄现场，以应对服装的拍摄使用、置换、整理等多种需要，尤其是在拍摄的衔接上更要做到提前准备、准确无误。影视剧与舞台剧在服装使用时的最大不同点即是在连贯性上。舞台剧大多是按照剧情发展循序渐进发展的（意识流、倒叙、插叙等手法除外）；而在影视剧中则是不分时间顺序的"镜头"拍摄，在一个固定的场景里要集中拍摄若干个镜头，可能会有今天的你，几年前的你或几十年后的你，这便要求人物造型要适时而变，前后衔接。对于服装穿着状态（全穿、披穿、搭肩、围腰等）、上下怎样组合、扣的状况、衬衣的搭配、有无领带、有无帽子和手套、穿哪双鞋、有无挎包、首饰等都要详细记录，为以后的另一个场景的衔接留有文字依据。这类工作做得越认真详尽，对下一次的拍摄准备的工作就越得力，

出现纰漏的可能性就最小。

三、服装的保护与清洁

对服装做清洁处理在演出中或在演出后都要进行。尤其是舞蹈演员服装的使用特点决定了服装常会磨损和被汗渍污染，要经常进行检查、修缮和清洗，一般的大型专业演出团体会配有干、水洗衣机，也有许多是到附近的洗衣店进行清洗。保持服装的清洁一是对演员的尊重，再是延长服装的使用时间。我国戏曲服装多是由真丝的绫、绸、绉、缎等制作，并有许多刺绣图案，这些都不能经常洗涤，聪明的戏曲前辈们设计的"水衣子"就很好地解决了这个问题。

此外，经常进行消毒杀菌也是保持卫生、保护服装的常用方法。

四、服装收藏

演出后的服装要在进行清洗、整理、熨烫之后，收藏在有阳光、通风好的库房里。收藏的方式有箱装和架放。箱装封闭性较好，不易尘垢的污染，可在箱内放些防潮剂、防虫蛀的樟脑片、球等，箱存的服装一定要定期检查晾晒；架存的服装空气流通较好，方便使用、管理和检查，缺点是灰尘较多，重要的是想办法遮盖好。整理收藏的服装要有编号、有剧名和角色使用的记载，以备今后的演出使用或租借，要定期进行检查,发现问题及时处理。规范、系统的管理体制在任何一个专业机构里都不会被忽视。

[复习参考题]
◎ 制作前期有哪些准备工作?
◎ 如何把握服装材料的性能?
◎ 面料再处理对设计作品的成功有何实际意义?
◎ 熟悉服装的制作流程对设计有何启示?

参考书目 ››

[1] [德] 黑格尔：《美学》，北京：商务出版社，1979年。

[2] [英] H·里德：《艺术的真谛》，沈阳：辽宁人民出版社，1987年。

[3] [瑞士]H·沃尔夫林：《艺术风格学》，沈阳：辽宁人民出版社，1987年。

[4] [西]毕加索等：《现代艺术大师论艺术》，北京：人民大学出版社，2003年。

[5] [法]丹纳：《艺术哲学》，北京：人民文学出版社，1983年。

[6] 张乃仁、杨蔼琪：《外国服装艺术史》，北京：人民美术出版社，1992年。

[7] 王朝闻：《美学概论》，北京：人民出版社，2004年。

[8] 王建宏：《艺术概论》，北京：文化艺术出版社，2000年。

[9] 《梅兰芳文集》，北京：中国戏剧出版社，1962年。

[10] 《舞台美术文集》，北京：中国戏剧出版社，1982年。

[11] 隆荫培、徐尔充：《舞蹈艺术概论》，上海音乐出版社，1991年。

[12] 《中国历代服饰》，上海：学林出版社，1984年。